FRANKFURTER GEOWISSENSCHAFTLICHE ARBEITEN

Serie D · Physische Geographie

Band 18

Geoökologische Grundlagen der Bodennutzung und
deren Auswirkung auf die Bodenerosion
im Grundgebirgsbereich Nord-Benins –
ein Beitrag zur Landnutzungsplanung

von
Jan Swoboda

Herausgegeben vom Fachbereich Geowissenschaften
der Johann Wolfgang Goethe-Universität Frankfurt
Frankfurt am Main 1994

Frankfurter geowiss. Arb.	Serie D	Bd. 18	120 S.	17 Abb.	26 Tab.	2 Kt.	Frankfurt a.M. 1994

ISSN 0173-1807
ISBN 3-922540-49-X

Schriftleitung

Dr. Werner-F. Bär
Institut für Physische Geographie der Johann Wolfgang Goethe-Universität,
Postfach 11 19 32, D-60054 Frankfurt am Main

Geographisches Institut
der Universität Kiel

Die vorliegende Arbeit wurde vom Fachbereich Geowissenschaften der
Johann Wolfgang Goethe-Universität als Dissertation angenommen

Die Deutsche Bibliothek - CIP-Einheitsaufnahme

Swoboda, Jan:

Geoökologische Grundlagen der Bodennutzung und deren
Auswirkung auf die Bodenerosion im Grundgebirgsbereich
Nord-Benins : ein Beitrag zur Landnutzungsplanung / von Jan
Swoboda. Hrsg. vom Fachbereich Geowissenschaften der
Johann-Wolfgang-Goethe-Universität Frankfurt. - Frankfurt
am Main : Inst. für Physische Geographie, 1994

Frankfurter geowissenschaftliche Arbeiten : Ser. D, Physische
Geographie ; Bd. 18)
Zugl.: Frankfurt (Main), Univ., Diss., 1992
ISBN 3-922540-49-X

NE: Frankfurter geowissenschaftliche Arbeiten / D

Alle Rechte vorbehalten

ISSN 0173-1807

ISBN 3-922540-49-X

Anschrift des Verfassers

Dr. J. Swoboda
Lahmeyer International GmbH, Lyoner Str. 22, D-60528 Frankfurt am Main

Bestellungen

Institut für Physische Geographie der Johann Wolfgang Goethe-Universität,
Postfach 11 19 32, D-60054 Frankfurt am Main

Druck:

F. M.-Druck, D-61184 Karben

Kurzfassung

Die Arbeit stellt für ein repräsentatives Savannengebiet im Norden Benins Bodennutzungspotentiale und Nutzungsrestriktionen dar. Dies erfolgt unter Berücksichtigung der das Gebiet nutzenden Ethnien, Ackerbauern und Viehzüchtern, und deren Bodennutzungssysteme.

Als Arbeitsgrundlage wurden die geologischen, morphologischen und bodenkundlichen Verhältnisse sowie die Realnutzung und die damit verbundenen Landschaftsschäden ermittelt. Entwicklungstendenzen in der Bodennutzung und daraus resultierende Nutzungskonflikte zwischen den beiden Ethnien werden aufgezeigt.

Auf Grundlage dieser Erhebungen wurde versucht, die Ergebnisse in ein Instrumentarium zur Beurteilung des Bodennutzungspotentials auch anderer Savannenzonen Westafrikas umzusetzen. Hierdurch sollen auch Risiken der Inwertsetzung bisher nur extensiv genutzter Gebiete abgeschätzt werden können.

Abstract

In taking a representative sector of the savannah region in the north of Benin, the soil use potentials and restrictions are described in a manner that recognize the specific land use systems of the both main ethnic groups, peasants and cattle-breeder, that live in this area.

As an initial working base the geological, morphological and soil conditions are mapped and recorded in field surveys. In addition to this the process of degradation attached to the land use is mapped through ariel photography in parallel with ground checks. General trends in soil use and the resultant land use conflicts between the Fulbe and Baatonom are also examined.

Based on the information gained from these results several distinct topics were defined to facilitate the comparison and evaluation of varied soil use potentials and probable risk factors in other West-African Savannah areas. This can also serve as an aid in the assessment of the future problems that may be encountered in areas which are at present extensively utilised.

Résumé

Le travail s'agit du potentiel d'exploitation des sols et des restrictions pour une région de savane typique du nord de Benin. Il prend en considération les façons differentes d'utiliser les sols par les deux ethnies principales qui habitent cette région, les éleveurs et les cultivateurs.

Le travail repose sur les observations faites lors des enquêtes réalisées dans ce terrain concernant la situation géologique, morphologique et pédologique. Le processes de dégradation inhérent à l'utilisation des sols a été établi par l'interpretation des photos aériennes et les vérifications sur le terrain. Les tendances générales d'utilisation des sols et les conflits qui en resultent entre les deux ethnies principals sont également examinés.

Sur la base des résultats obtenus, des outils facilitants l'évaluation des potentiels des sols à d'autres zones de savane de l'Afrique du Ouest sont proposés. Ils peuvent aussi servir comme aide pour taxer les problèmes de l'avenir dans les zones qui sont encore incultes.

Vorwort

Diese Arbeit wurde durch Herrn Prof. Dr. Meurer angeregt. Seine Initiative ermöglichte mir die Mitarbeit im Projekt "promotion d'élevage" in Benin.

Herr Dr. D. Faust erleichterte mir durch zweiwöchige, gemeinsame Geländearbeit den raschen Einstieg in die Gebietsproblematik.

Logistische Hilfe erfuhr ich vom stellvertretenden Projektleiter Herrn Dinter, ebenso wie von Herrn Kadel.

Der fachliche Austausch mit den Mitgliedern der Arbeitsgruppe, Herr Sturm, Frau Reiff, Herr Jenisch und Herr Will, ermöglichte neue Einblicke in die vielfältigen Zusammenhänge der Landnutzung. Die Zusammenarbeit mit ihnen unterstützte mich nicht nur bei meinen Geländeaufenthalten. Meine beiden Mitarbeiter, Herr Mora Seke und Herr Ali Baimam, begleiteten mich bei den Geländeerkundungen, auch unter schwierigen Bedingungen.

Herr Prof. Dr. Krumm fertigte Dünnschliffe einiger Gesteinsproben an. Die Analysen des Bodenmaterials erledigte weitgehend Frau Bergmann-Dörr mit ihren Mitarbeitern.

Herr Prof. Dr. Dr. h. c. Semmel förderte die Arbeit durch Diskussionen, organisatorische Hilfe sowie einen gemeinsamen Geländeaufenthalt in Benin.

Herr Dr. Bär nahm sich in seiner Funktion als Schriftleiter der Frankfurter geowissenschaftlichen Arbeiten der Überarbeitung des Manuskripts an. Die Reinzeichnung vieler Abbildungen und vor allem der Karten übernahm Frau Olbrich.

Die endgültige Ausarbeitung der Dissertation wäre mir ohne meine Freunde schwerer gefallen. Hier sind auch meine Eltern zu erwähnen.

Ihnen allen möchte ich für die erwiesene Hilfe und Unterstützung herzlich danken.

Darüber hinaus danke ich dem Fachbereich Geowissenschaften für die Aufnahme der Arbeit in seine Schriftenreihe.

Bad Homburg v. d. H., im Oktober 1994   Jan Swoboda

Inhaltsverzeichnis

Seite

1 Einleitung	11
2 Klima und Vegetation des Untersuchungsgebietes	14
2.1 Klimatische Charakteristika	14
2.2 Vegetationsformationen und ökologische Grundlagen	16
3 Die Geologie des Arbeitsgebietes	19
3.1 Die großräumige Entwicklung	19
3.2 Die Gebietssituation	20
4 Die Geomorphologie des Arbeitsgebietes	25
4.1 Geomorphologische Übersicht	25
4.2 Die Geländeformen des Arbeitsgebietes	27
4.3 Krustenberge des alten Pediments und der Fläche des Hauptwasserscheidenbereichs	28
4.4 Das junge Pediment und jüngere Eintiefungen	32
4.5 Die Bas-fonds	39
4.6 Zusammenfassung der geomorphologischen Situation	41
5 Die Böden des Arbeitsgebietes	43
5.1 Quartäre Schuttdecken und Bodengenese	43
5.2 Die Termitentätigkeit und sekundäre Einflüsse	47
5.3 Die reliefabhängige Bodenvergesellschaftung	49
5.4 Die Beschreibung der Bodeneinheiten	55
5.4.1 Die Profilbeschreibungen	56
5.4.2 Die Interpretation der Nährstoffgehalte	68
6 Die Bodennutzung	72
6.1 Die Bodennutzung im Luftbild	72
6.2 Die Bodennutzung aus bodenkundlicher Sicht	74
6.3 Interviews zur Bodennutzung	77
6.4 Nutzungskonkurrenzen	80
6.5 Bewertung des naturräumlichen Einflusses auf die Nutzung	82

Seite

7 Die Bodenerosion 83
7.1 Abtragsmessung mittels Erosionsmeßparzellen 83
7.1.1 Methodisches Vorgehen 84
7.1.2 Die Meßergebnisse 86
7.2 Das Vermessen der Runsen und Gullies 88
7.2.1 Methodisches Vorgehen 89
7.2.2 Die Meßergebnisse 89
7.3 Die Barragenvermessung 92
7.3.1 Methodisches Vorgehen 92
7.3.2 Die Meßergebnisse 95
7.4 Vergleichende Interpretation der Meßergebnisse 98

8 Zusammenfassung, Summary, Sommaire 100

9 Literaturverzeichnis 109

Abbildungsverzeichnis

Seite

Abb. 1	Die Lage der Pilotzone in Nord-Benin (Westafrika)	11
Abb. 2	Niederschlag und Temperatur der Stationen Djougou, Kérou und Natitingou von 1978 bis 1987 (Mittelwerte)	15
Abb. 3	Geologische Übersichtsskizze des Arbeitsgebietes	21
Abb. 4	Kluftrosen aus 79 Trennflächen (Gneis) und aus 49 Trennflächen (Metaquarzit)	23
Abb. 5	Geomorphologische Übersichtsskizze des Arbeitsgebietes	26
Abb. 6	Catena eines Flächen-Krustenberges	30
Abb. 7	Die asymmetrische Entwicklung der Einzugsgebiete	36
Abb. 8	Die Brunnenwasserstände im Jahresgang 1989/90	40
Abb. 9	Die unterschiedliche Entwicklung der sandigen Deckschicht über Gneis und Phyllit	45
Abb. 10	Catena eines Unterhanges mit Kruste (Gneis)	46
Abb. 11	Catena der einem Krustenberg auf dem jungen Pediment vorgelagerten Böden	51
Abb. 12	Die Versuchsanordnung der Erosionsmeßparzellen	84
Abb. 13	Beispiel der Querschnittsentwicklung einer Runse (Schule) vor und nach der Regenzeit 1990	91
Abb. 14	Das Einzugsgebiet der Barrage Kika	93
Abb. 15	Die in 20 cm Intervallen berechnete Speicherinhaltskurve der Barrage Kika	94
Abb. 16	Verteilung der Niederschläge nach Intensität und Anzahl der Ereignisse	96
Abb. 17	Die Absenkung des Wasserspiegels in der Barrage Kika in der Trockenzeit 1989/90; nach PENMAN ermittelt und gemessen	97

Tabellenverzeichnis

Seite

Tab. 1	Einheit 5:	Pisolith-Braunerde	57
Tab. 2	Einheit 6:	Pisolithreiche Braunerde	57
Tab. 3	Einheit 13:	Braunerde-Kolluvium	58
Tab. 9	Einheit 9:	Braunerde aus sandiger Bedeckung	58
Tab. 5	Einheit 12:	Pseudovergleyte Braunerde	59
Tab. 6	Einheit 7:	Pisolith-Braunerde aus Hangschutt	59
Tab. 7	Einheit 10:	Braunerde aus Metaquarzitzersatz	60
Tab. 8	Einheit 15:	Parabraunerde	61
Tab. 9	Einheit 16:	Pseudovergleyte Parabraunerde	61
Tab. 10	Einheit 4:	Umgelagerter Gelbplastosol	62
Tab. 11	Einheit 11:	Geringmächtige quarz- und pisolithhaltige Braunerde	62
Tab. 12	Einheit 3:	Plinthitrotlatosol	63
Tab. 13	Einheit 14:	Braunerde-Pelosol	63
Tab. 14	Einheit 17:	Vertisol	64
Tab. 15	Einheit 18:	Brauner Auenboden	65
Tab. 16	Einheit 20:	Pseudogley	66
Tab. 17	Einheit 19:	Pseudogley-Gley	67
Tab. 18		Grenzwerte einiger Nährstoffgehalte und der Austauschkapazität	68
Tab. 19		pH-Wert abhängige Grenzwerte des prozentualen Stickstoffgehaltes (MEMENTO DE L'AGRONOME 1984:82)	69
Tab. 20		Parzelle 1, pisolithreiche Braunerde	85
Tab. 21		Parzelle 2, pisolithreiche Braunerde über Rotlatosol	85
Tab. 22		Parzelle 3, Pisolith-Braunerde über Rotlatosol-Basis	86
Tab. 23		Parzelle 4, Braunerde über Gelbplastosol	86
Tab. 24		Der Bodenabtrag der Meßparzellen 1989/90	86
Tab. 25		Der Oberflächenabfluß der Meßparzellen 1989/90	87
Tab. 26		Der Materialaustrag aus Runsen	90

1 Einleitung

Im Rahmen einer Landnutzungsstudie wurden neben der naturräumlichen Ausstattung eines Teilgebietes der Provinz Atacora im Norden Benins (Westafrika) auch die Auswirkungen der von einem GTZ-Projekt durchgeführten Maßnahmen zur Förderung der Tierzucht auf diesen Naturraum untersucht.

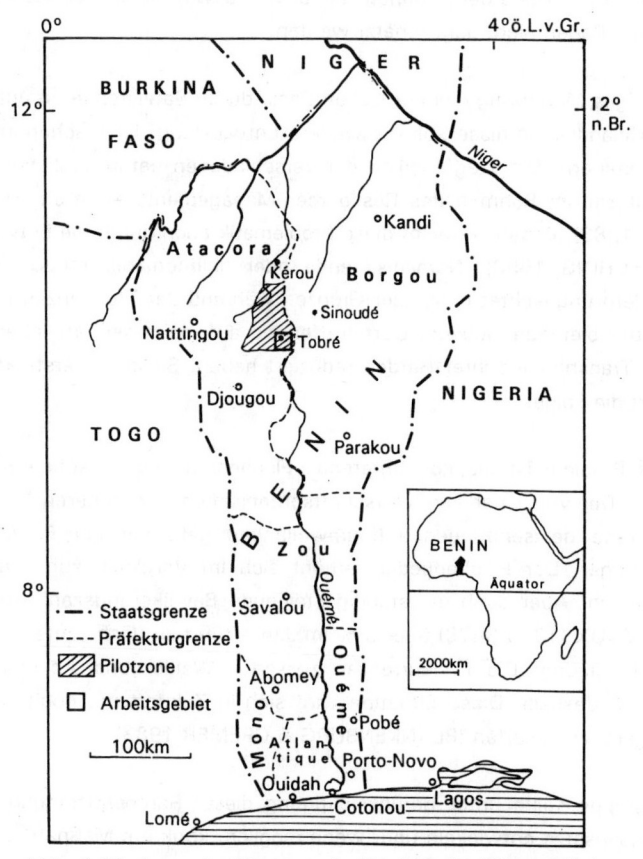

Abb. 1 Die Lage der Pilotzone in Nord-Benin (Westafrika)

Ein Ziel der interdisziplinären Arbeitsgruppe war es, die Übertragbarkeit der Ergebnisse detaillierter Geländeuntersuchungen auf Fernerkundungsmethoden zu überprüfen, um Inhalte und Auswertbarkeit späterer, großräumig vorliegender Satellitendaten abschätzen zu können. Es galt zu erkennen, welche Informationen dabei verloren gehen und wo die Probleme bei der Auswahl der Klassifizierung liegen.

Aus diesem Grund wurden aus der Geländearbeit und aus Luftbildinterpretationen resultierende Karten im Maßstab 1 : 25 000 angefertigt, um optimale Arbeitsgrundlagen zu schaffen.

Diese Studie wurde nötig, da - aufgrund der durch Impfungen und Tränkemöglichkeiten gestiegenen Viehzahlen - Unsicherheiten bezüglich der Futterquantität und -qualität bestanden. Außerdem konnten negative Auswirkungen der Tierhaltung auf Vegetation und Boden nicht abgeschätzt werden.

Ein großräumiges Monitoring des nördlichen Benin durch Satellitendaten auf der Basis detaillierter Geländekenntnisse soll die weitere Entwicklung der Flächennutzung dieses Raumes steuern. Die Tragfähigkeit der verschiedenen naturräumlichen Einheiten für Viehzucht soll im Rahmen des Ressourcen-Managements ermittelt werden (vgl. MANSHARD 1983). Brisanz erreicht diese Problematik auch durch die Entwicklung im Sahel (MENSCHING 1990). Nomadisierende oder halbnomadisierende Viehzüchter (Fulbe) wandern ungeachtet nationaler Grenzen während der Trockenzeit in südlichere, mehr Futter bietende Gebiete. Dort treffen sie auf meist seßhaft lebende Fulbe, die z. T. die Transhumanz ihrer Herden reduziert haben. Saisonal verstärkter Weidedruck ist dort die Folge.

Ein weiteres Problem ist die konkurrierende Flächennutzung zwischen Bauern und Viehzüchtern. Der von einer Landwirtschaftsorganisation der früheren Volksrepublik Benin geförderte devisenbringende Baumwollanbau geht mit der Einführung des Pflugbaues einher. Der Flächenbedarf erhöht sich im Vergleich zum traditionellen Hackbau deutlich. Aber auch die ständig steigende Bevölkerungszahl - nach MARCHES TROPICAUX (1990:3678) über 3 % im Jahr - führt zu flächenintensiverer agrarischer Bodennutzung. Die Konkurrenzen zwischen Weide- und Ackerlandnutzung verstärken sich deshalb. Diese Situation wird sich in Zukunft mit noch wachsender Geschwindigkeit verschärfen (BLANKENBURG & CREMER 1983).

Die Arbeitsgruppe sollte unter Berücksichtigung dieser Rahmenbedingungen praktikable Lösungsansätze entwickeln und, wenn möglich, konkrete Maßnahmen anbieten (MEURER et al. 1991).

Meine Aufgabe war es, Grundlagen der Geologie des Arbeitsgebietes, die Relief- und Bodenentwicklung, Bodennutzung und Erosionserscheinungen sowie deren räumliche Verteilung zu untersuchen. Nutzungskonkurrenzen zwischen Bauern (hier Bariba) und Viehzüchtern (Fulbe) wurden aus dieser Sicht ebenfalls beleuchtet. Die genannten Geofaktoren sind ausschlaggebend für das Naturraumpotential.

Um dem Anspruch einer flächendeckenden Bodenkartierung gerecht werden zu können, wurde eine geomorphologische Karte (s. Karte 1) erstellt. Geländearbeit und Luftbildauswertung ergänzten sich hierbei. Die Reliefgenese wird überwiegend bezüglich ihrer bodengeographischen Relevanz dargestellt.

Mit Hilfe dieser Arbeitsgrundlage wurde es möglich, Bodencatenen direkt in die Karte und durch Ausdehnen der Bodengesellschaften auf ähnliche Formen in die Fläche zu übertragen.

In einer zweiten Phase wurden Gebiete mit unsicherer Zuordnung gezielt aufgesucht und abgebohrt. Profile der typischen Böden wurden anschließend aufgenommen und bodenchemisch analysiert.

Aufgrund der Geländearbeit und begleitender Luftbildauswertungen konnte die Verknüpfung besonders erosionsgefährdeter Bereiche und verschiedener Nutzungsformen geklärt werden. Die Verteilungsmuster der Bodennutzung wurden ebenfalls im Gelände und mittels Luftbild erarbeitet, die Ergebnisse in Bezug zur Bodenkarte und zur geologischen Übersichtskartierung gesetzt. Interviews zur Bodennutzung ergänzten diesen Themenkomplex.

Um Größenordnungen des Bodenabtrags einschätzen zu können, wurden 4 Meßparzellen betrieben. Ferner wurde der Austrag aus 5 Gullyendbereichen während einer Regenzeit und die Stauraumverlandung eines Kleinstaudammes (8600 m^3) nach zwei Jahren - in Bezug zur Referenzvermessung - gemessen.

Diese Arbeiten wurden von Februar 1989 bis Februar 1991 durchgeführt. Die Ergebnisse fanden Eingang in zwei thematische Karten (s. Beilage: Karte 1 und Karte 2).

2 Klima und Vegetation des Untersuchungsgebietes

2.1 Klimatische Charakteristika

Das Klima der Pilotzone Péhunco ist durch eine etwa 7 Monate dauernde Regenzeit und 5 niederschlagsfreie Monate gekennzeichnet. Während der Regenzeit dominieren Westwinde niedriger Geschwindigkeit, während der Trockenzeit Ostwinde (Harmattan) ebenfalls niedriger Geschwindigkeit.

Die jährlichen Niederschlagshöhen schwanken recht stark. Für die beiden im engeren Arbeitsbereich liegenden Stationen Kika und Tobré wurden für 1987 1015,9 mm bzw. 899,9 mm gemessen. Die Jahresniederschläge 1988/89 lagen mit 1061,6 mm und 1136,6 mm (Kika) bzw. 1264,5 mm und 1126,1 mm (Tobré) deutlich höher. Das Jahr 1987 war in der Provinz Atacora allgemein trockener. Die Abweichungen zu den Folgejahren lagen auch bei anderen Meßstationen bei etwa 300 mm. Die Jahresdurchschnittstemperatur beträgt etwa 25°C.

Aufgrund dieser Bedingungen läßt sich das Klima nach KÖPPEN (1931) der Aw-Klimazone, nach TROLL & PAFFEN (1964) der V2-Zone zuordnen.

Auffällig ist, daß der Beginn der Regenzeit um etwa 2 Monate (März - Mai) schwankt. Frühe ergiebige Regenfälle werden in Benin Mangoregen genannt. Das Ende der Regenzeit liegt dagegen fast immer im Oktober.

Bei den Niederschlags- und Temperaturdaten der Station Kérou und Djougou handelt es sich um absolute monatliche Minimal- und Maximaltemperaturen. Für Natitingou lagen die Daten des mittleren monatlichen Minimums und des mittleren monatlichen Maximums vor. Kérou liegt in 300 m Höhe etwa 60 km nördlich des Arbeitsgebietes, Djougou, in 400 m Höhe, ungefähr 60 km in SSW-Richtung davon entfernt. Die Auswirkung der Entfernung dieser Stationen von 120 km (N-S) zueinander sind in den Diagrammen gut sichtbar. Kérou hat im Jahresdurchschnitt 1056 mm Niederschlag, Djougou hingegen 1214 mm. Natitingou fällt etwas aus diesem Rahmen heraus. Es liegt 85 km westlich des Arbeitsgebietes in etwa 550 m Höhe. Diese Station ist aber typisch für einen großen Teil der Provinz Atacora. Von dort liegen auch Daten (1978 - 1989) über die Bodentemperaturen vor.

Die Maximaltemperaturen an der Bodenoberfläche erreichen in der Trockenzeit im Februar und März regelmäßig 45°C und teilweise sogar 49°C. In 10 cm Tiefe werden im März/April um 12 Uhr noch regelmäßig 37°C, teilweise bis 41°C erreicht. In

20 cm Tiefe fallen diese Werte auf etwa 34 - 35°C ab.

Brachflächen sind diesen Temperaturen schutzlos ausgesetzt. Verbackene, verhärtetete Oberflächen sind an solchen Stellen während der Trockenzeit überall zu finden.

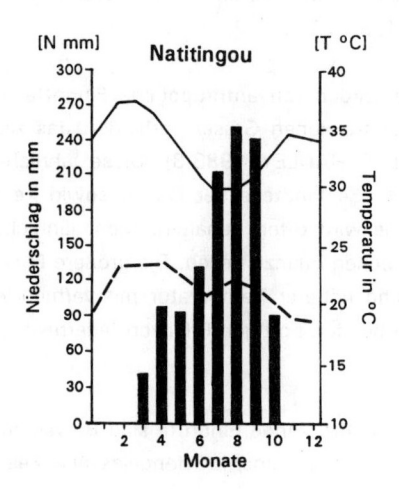

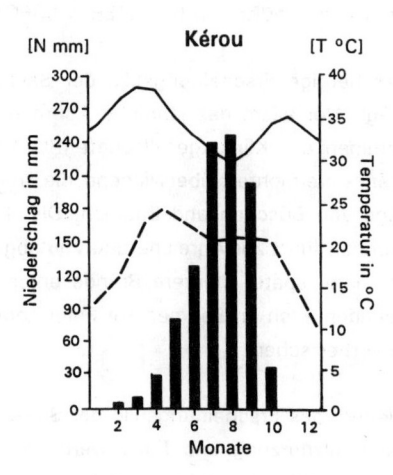

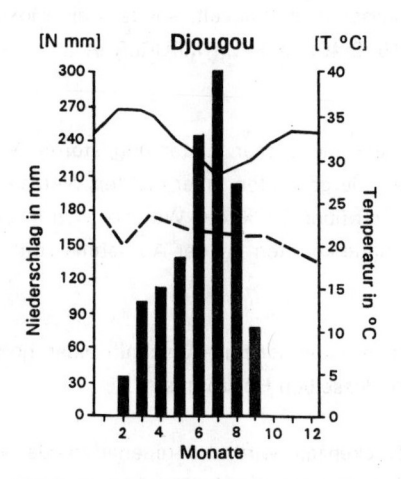

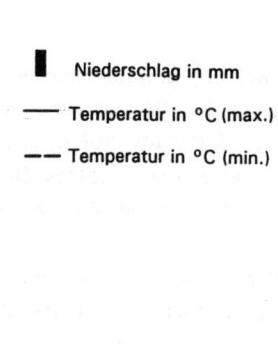

Abb. 2 Niederschlag und Temperatur der Stationen Djougou, Kérou und Natitingou von 1978 bis 1987 (Mittelwerte)

2.2 Vegetationsformationen und ökologische Grundlagen

Das Untersuchungsgebiet läßt sich der Feuchtsavanne der nördlichen Guinea-Zone zurechnen (KNAPP 1973:186). Die ursprünglich hier entwickelten lichten bis dichten laubabwerfenden Wälder sind bis auf wenige Relikte verschwunden. Es dominieren verschiedene Savannenformationen. Es handelt sich um Vegetationsgesellschaften, in denen Bäume, Sträucher und/oder Büsche zerstreut in einer ansonsten geschlossenen Grasschicht auftreten (WALTER & BRECKLE 1984:124).

Das heutige Erscheinungsbild der Savannen wird durch anthropogene Eingriffe geprägt. Vor allem das jährliche Abbrennen der trockenen Gräser verhindert das Aufkommen der Klimaxgesellschaft (BOURLIERE & HADLEY 1983:3). Diese jährlichen Brände vernichten überwiegend die trockenen Bestandteile der Gräser sowie Keimlinge von Büschen und Bäumen. Die Savanne wird offen gehalten. Nicht jährliches Brennen führt zur Anreicherung von abgestorbenen Pflanzenteilen. Die größere Masse hat dann später stärkere Brände entsprechend höherer Temperatur mit vermehrten Schäden auch an Bäumen zur Folge, obwohl bei den holzigen Pflanzen feuerresistente vorherrschen.

Weitere das Erscheinungsbild der Savannen modifizierende Eingriffe sind Beweidung, Feuerholznutzung und Futterwerbung von Schneitelbäumen. Offengelassene Felder und damit Brachestadien verschiedenen Alters treten dazu.

Es ist also keine einheitliche Vegetationsgesellschaft entwickelt, sondern ein Mosaik verschiedener Sukzessionsstadien (KNAPP 1978:40; REIFF in MEURER et al. 1991: 45).

Von der Beweidung am stärksten betroffen sind die Gräser. Unter ungestörten Verhältnissen bilden ihre Wurzeln einen nicht sehr tiefgehenden, aber dichten Wurzelfilz. Nach MENAUT & CESAR (1982:92) finden sich über 80 % der Wurzelmasse in den oberen 30 cm eines Bodenprofiles. Diese Befunde konnten bei der Aufnahme von Bodenprofilen nicht immer bestätigt werden.

In der Regel weist der sehr stark durchwurzelte Bodenhorizont-Abschnitt einen höheren Verfestigungsgrad auf als tiefere Bereiche desselben Horizontes.

Gräser transpirieren stark. Während der Trockenzeit wird der regenerierende Vegetationskegel von trockenen Blattscheiden vor der völligen Austrocknung geschützt (WALTER & BRECKLE 1984:125). Starke Beweidung läßt diesen Schutz wegen des starken Verbisses nicht aufkommen. Trittschäden kommen dazu. Die Grasschicht wird lichter. Infolgedessen kann die Denudation verstärkt angreifen. Locker verstreute, etwas über das Bodenniveau herauspräparierte Grashorste sind gute Anzeiger dafür. Massives Auftreten einer Art als "Weideunkraut" unter nahezu völliger Entfernung der Gräser zeigt ein weiter fortgeschrittenes Stadium der Abspülung an. Extrem trittbelastete Standorte sind schließlich völlig vegetationsfrei.

Bäume sind vom Verbiß durch Vieh weniger betroffen. Mit Ausnahme der kletternden Ziegen sind höhere Kronenbereiche für Nutztiere unerreichbar. Aber auch die Kronensäume sind aufgrund langer Selektion durch den Verbiß von Großwild mittels entsprechender Strategien - z. B. Stacheln oder spitze Blattränder - an diese Situation angepaßt (BOURLIERE & HADLEY 1983). Die starke Einflußnahme des Menschen verändert aber auch hier die Vegetationszusammensetzung. Nur nutzbare Bäume, sei es als Fruchtlieferant oder als Schneitelbaum für Viehfutter während der Trockenzeit, werden stehengelassen. Aber sogar einige Futterbäume sind bereits bedroht (REIFF in MEURER et al. 1991: 72; STURM in MEURER et al. 1991:100).

Es bestätigt sich, daß die heutige Entwicklung der Savannen stark nutzungsabhängig ist. Das Ausmaß der Veränderung im Artenspektrum, auch das Verhältnis annueller zu perenner Gräser, hängt dabei von der Intensität des menschlichen Eingriffes ab (STURM in MEURER et al. 1991:95).

REIFF (in MEURER et al. 1991:45ff.) unterscheidet im Untersuchungsgebiet 9 Vegetationsformationen:

- Galeriewälder

- Dichte laubabwerfende Trockenwälder (Relikte)

- Dickichte, hier als nahezu undurchdringliche Strauchformation zu verstehen

- Lichte laubabwerfende Trockenwälder oder offene Waldungen auf Lateritkuppen oder nicht ackerfähigen Standorten

- Waldsavannen oder lichte Waldungen mit niedrigerem Deckungsgrad der Baumschicht

- Baumsavannen mit Deckungsgrad der Baumschicht von 5 - 25 %; auf Brachen und in feuchteren Geländemulden

- Strauchsavannen mit Deckungsgrad der Bäume unter 5 %

- Grassavannen, in denen Bäume und Sträucher weitgehend fehlen; typisch auf geschlossenen Lateritkrusten

- Verschiedene Brachegesellschaften.

3 Die Geologie des Arbeitsgebietes

3.1 Die großräumige Entwicklung

Die im Jungpräkambrium im Zuge der panafrikanischen Orogenese remetamorphisierte Plaine de Bénin nimmt den größten Teil des Landes ein. Es handelt sich um durch Denudation und entsprechenden isostatischen Aufstieg heute an der Oberfläche liegende tiefere Krustenbereiche, deren Gesteine nach Totalanalysen (Rb/Sr) auf 1708 ± 220 Ma bis 2064 ± 90 Ma datiert wurden (BONHOMME 1962). Nach AFFATON (1975) durchliefen diese Gesteine bereits vorher eine meso- bis katazonale Metamorphose und einen Faltungszyklus.

Das Grundgebirge wurde durch die panafrikanische Orogenese verjüngt. Die aus Gneisen gewonnenen Biotite weisen Alter zwischen 613 ± 9 Ma bis 509 ± 10 Ma auf. Die Trennung zwischen dem Grundgebirge und möglicherweise überlagernden, jüngeren Sedimenten erweist sich als schwierig, da beide Gesteinsserien in derselben Orogenese metamorphisiert wurden. Alle Gesteine waren, nach AFFATON (1975), einer weiteren epi- bis mesozonalen Metamorphose und vier Faltungszyklen ausgesetzt. Die beiden ersten Faltungen erzeugten kleinräumige Strukturen, die letzten beiden dagegen weiträumige Verbiegungen im Kilometer-Bereich. Ihre Achsen streichen NNO-SSW.

Die vorherrschenden Migmatite und Gneise verschiedenster Ausprägung sowie die Quarzite und Glimmerschiefer sind von syn- und posttektonischen Graniten durchdrungen (McCURRY 1971; BESSOLES & TROMPETTE 1980). Die Gesteine sind z. T. bis 40 km auf die westlich vorgelagerte Formation des Atacora überschoben.

Westlich an die Plaine de Bénin schließt sich der ebenfalls NNO-SSW streichende Atacora-Höhenzug an. Es handelt sich um Quarzite, quarzitische Sandsteine, Schiefer und Glimmerschiefer, wobei die Quarzite in Benin etwa 90 % Anteil haben (POUGNET 1957). Ihre während der panafrikanischen Orogenese erfolgte Faltung und vor allem der Metamorphosegrad nehmen von West nach Ost zu. Vereinzelt sind granitische Schollen der Plaine de Bénin, die auch Liefergebiet der Sedimente war, in diese Formation eingeschuppt (BESSOLES & TROMPETTE 1980).

Die Faltung weist eine deutliche Westvergenz auf. Zum Teil sind mehrere kilometerlange Überschiebungen auf die Buem-Formation festzustellen (AFFATON 1975).

Die Sandsteine, quarzitischen Sandsteine, Schluffsteine und Kieselschiefer der wiederum westlich vorgelagerten Formation des Buem sind westvergent gefaltet, aber nur noch anchizonal metamorphisiert (AFFATON 1975). Das Buem stellt offensichtlich einen in der Stratigraphie höheren Abschnitt dar als die aus ähnlichen Sedimenten hervorgegangene Atacora-Formation.

Die Gesamtheit der Plaine de Bénin, des Atacora und des Buem bildet die Gebirgskette der Dahomeiden, die sich im Verlauf der panafrikanischen Orogenese konsolidierte. Die Abtragungsprodukte dieses Gebirges wurden nach Westen in eine vorgelagerte Randsenke, dem Volta-Becken, als Molasse sedimentiert. Die Dahomeiden selbst wurden eingerumpft, ihr bereits erwähnter isostatischer Aufstieg war die Folge. Besonders starke Hebungstendenz bestand nach MASCLE (1977) im Miozän/ Pliozän. BESSOLES & TROMPETTE (1980) vermuten, daß die isostatische Hebung in geringerem Maß bis heute anhält (s. a. SUMMERFIELD 1985:285).

Nach BESSOLES & TROMPETTE (1980) handelt es sich um ein an einer Plattengrenze gebildetes Faltengebirge. Die aufsteigende Platte überfuhr die westliche, subduzierte Platte. Die Grenze zwischen den Platten findet sich zwischen der Plaine de Bénin und der Formation des Atacora, deren Edukte, wie im geringeren Maß auch die des Buem, auf der subduzierten Platte zusammengeschoben wurden.

Für diese Theorie sprechen neben der Asymmetrie im Faltenbau, den Überschiebungen sowie dem nach Westen abnehmenden Metamorphosegrad auch die Vorkommen ultrabasischer Gesteine an der Grenznaht Atacora/Plaine de Bénin, die mit der Romanche-Bruchzone in Beziehung stehen (MASCLE 1977; BONATTI et al. 1984).

3.2 Die Gebietssituation

Das Arbeitsgebiet liegt im westlichen Bereich der Plaine de Benin, etwa 55 km östlich der Grenze zum Atacora-Höhenzug zwischen 10°05'00'' bzw. 10°12'30''N und 2°06'00'' bzw. 2°13'30''E. Es umfaßt etwa 188 km^2. Nach POUGNET (1957) handelt es sich dort um Paragneise pelitischer Herkunft (groupe de Kandi-Ofé), die z. T. konkordante quarzitische Einschaltungen (groupe de Badagba) aufweisen. Sieben NNE-SSW streichende Gesteinsserien konnten unterschieden werden. Gneis, Granit und Phyllit haben den größten Anteil am Gebietsaufbau (s. Abb. 3).

Im Gneis tritt hier immer Biotit, selten Muskovit als Nebengemengteil auf. Biotit wurde stellenweise auch als Übergemenge gefunden. Außerdem findet sich im Gneis ab und zu Granat. Der Übergang vom Gneis zum Granit ist nicht scharf, wie an schwach metamorph überprägtem Flasergranit zu erkennen ist. Im Gneisgebiet sind stellenweise im Zersatz 30 - 80 cm große Wollsäcke bildende, isolierte Granitnester vorhanden.

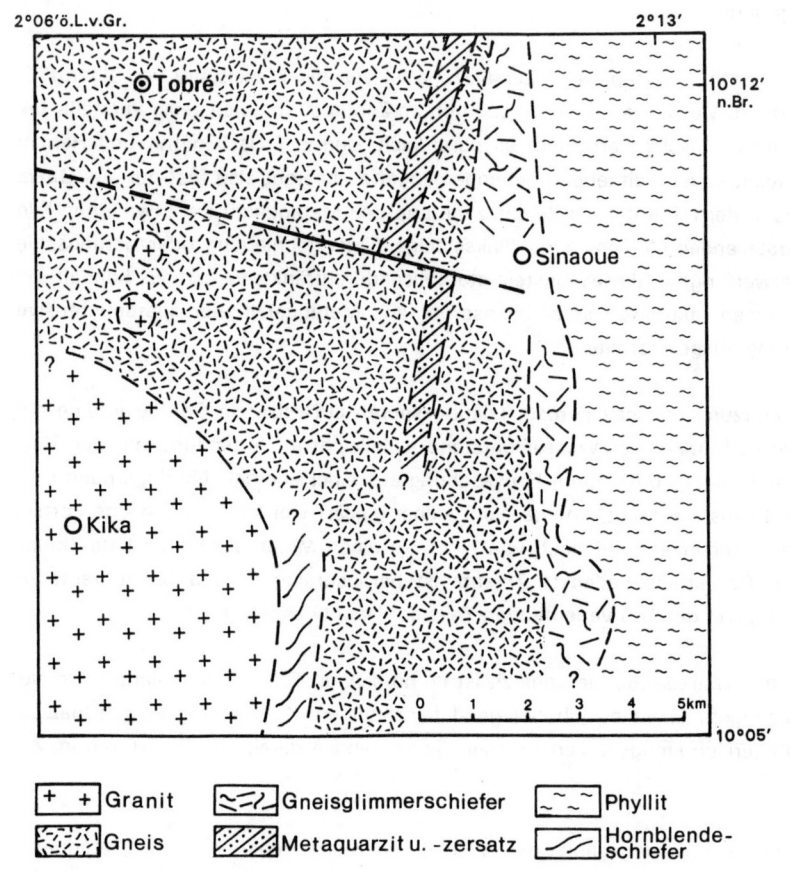

Abb. 3 Geologische Übersichtsskizze des Arbeitsgebietes (eigene Aufnahme)

Der östlich an den Granit anschließende Amphibolit weist gut ausgebildete Hornblenden und leicht flaserige Lagentextur auf. Die im Dünnschliff erkennbare Einregelung der Hornblenden sowie ihre Größe sprechen gegen eine Bildung nur durch Kontaktmetamorphose, sondern eher für regionalmetamorphe Überprägung mit entsprechend langer Temperatureinwirkung (für die Anfertigung der Dünnschliffe und mehrere Diskussionen danke ich Herrn Prof. Dr. Krumm., Institut für Geochemie, Petrologie und Lagerstättenkunde, Universität Frankfurt). Der im nördlichen Abschnitt allmähliche Übergang vom Granit zum Gneis weist auf eine ebenfalls syntektonische Platznahme des Granites hin (MEHNERT 1959). Man findet jedoch gerade im Grenzbereich Amphibolit/Granit metergroße frische Wollsäcke ohne erkennbare metamorphe Überprägung.

Die im Norden herauspräparierte Zersatzzone ist von mit Kieselsäure verheilten Klüften durchsetzt. Das Material wurde dadurch im Zentimeterbereich zellig verstellt, tektonisiert. Im Dünnschliff erscheint es porenreich, und z. T. ist Goethit und Hämatit eingedrungen. Es ist weitgehend nebengemengefrei, besteht also fast nur aus Quarz. Besonders in der Nähe der die Zersatzzone und den Metaquarzit um etwa einen Kilometer verstellenden Verschiebung (linkssinnige Blattverschiebung oder nordabschiebende Verwerfung) ist dieses Gestein stark eisendurchtränkt, vererzt. Es handelt sich wohl um einen tektonisch stark beanspruchten Metaquarzit, der später intensiver Verwitterung ausgesetzt war.

Ob die Vererzung und das poröse, Lösungsspuren aufweisende Gefüge infolge aufsteigender hydrothermaler Wässer entstand - vielleicht in Verbindung mit der Platznahme des Granits - oder durch Einwaschung aus einer ehemals überlagernden Laterit- (Fe, Al) Kruste stammt, konnte nicht sicher geklärt werden. Die südliche Fortsetzung dieses Zersatzes wird noch von einer bis einen Meter mächtigen Lateritkruste überdeckt. Der krustenbedeckte Zersatz ist herauspräpariert und bildet heute die höchsten Punkte des N-S verlaufenden Teils der Hauptwasserscheide.

Der östlich anschließende Metaquarzit ist im nördlichen Teil ebenfalls nahezu frei von Nebengemengen. Er ist bei überwiegend feinsandigem Korn durch ein Kluftpaar im Zentimeterbereich stengelig zerlegt. Sein Gefüge ähnelt damit den Strukturen im Zersatz.

Im südlichen Verbreitungsgebiet dieser Serie finden sich dagegen dünne Metaquarzitbänke. Im Nebengemenge treten dort geringe Anteile ausgewalzter Biotite und Feldspäte auf. Der Übergang zum Gneisglimmerschiefer ist fließend. Dieser Gneisglimmerschiefer enthält Biotit und Muskowit. Er ist flaserig ausgeprägt, die geringen Feldspatanteile schwach stengelig ausgewalzt.

Im Phyllit sind im Nebengemenge Biotit und selten Chlorit vorhanden.

An einigen nur etwa 30 - 35 m² großen, sehr flachen Schildinselbergen aus Gneis und Metaquarzit konnten die Kluftrichtungen eingemessen werden.

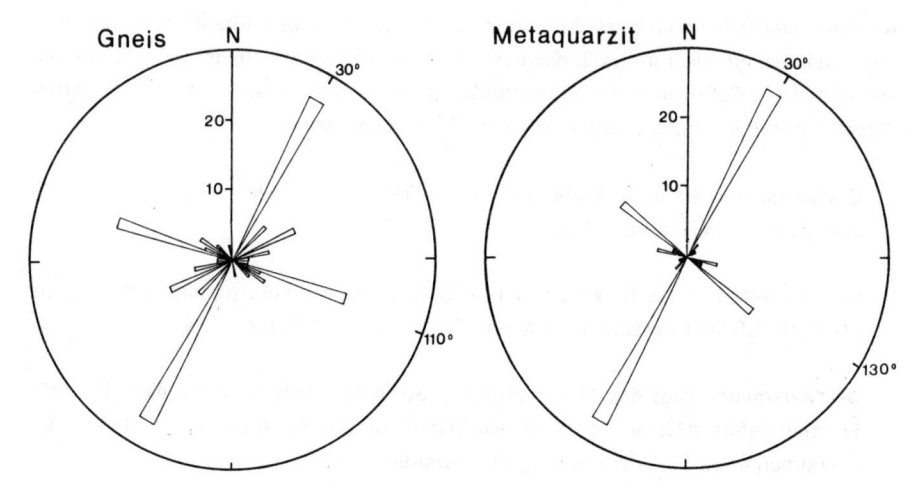

Abb. 4 Kluftrosen aus 79 Trennflächen (Gneis) und aus 49 Trennflächen (Metaquarzit)

Die Gesteine streichen etwa 30° NNE und stehen, mit Ausnahme des nur mit 75° ESE einfallenden Metaquarzits, nahezu saiger. Der Granit war immer wieder in Bachbetten oder am Rand von Gullies aufgeschlossen. Die Zahl der einmeßbaren Trennflächen war für das Erstellen einer Kluftrose zu gering. Die Existenz einer etwa 10° NNE streichenden, dominanten Kluftschar bestätigte sich jedoch in allen Aufschlüssen.

Die beiden durch den morphologisch harten Metaquarzit getrennten Hauptvorfluter - der zusammen mit der Zersatzzone die nördliche Verlängerung der Hauptwasserscheide bildet - folgen den die größte Dichte aufweisenden Längsklüften nur unvollkommen. Vor allem der im Phyllit angelegte Vorfluter zeigt im nördlichen Bereich keine Beziehung zu den bevorzugten Kluftrichtungen. Knapp nördlich der Grenze des Arbeitsgebietes wird sogar der Quarzitzug durchbrochen. In der Regel tasten aber die Entwässerungsbahnen niederer Ordnung den Kluftsystemen nach (vgl. MURAWSKI 1964; WIRTHMANN 1985).

Auf winkelig zur Hauptkluftrichtung abdachenden Flächen ändert sich mit zunehmender Hangneigung - im Arbeitsgebiet in der Nähe der Hauptwasserscheide - abrupt die Laufrichtung. Die Flächen werden dort von den Entwässerungsbahnen nahezu konsequent zerschnitten. Die festzustellenden geringen Abweichungen hängen damit zusammen, daß sich auch in diesen Fällen die Tiefenlinien an vorhandene, sich der Gefällsrichtung annähernde Kluftsysteme geringerer Klüftigkeit anlehnen.

Am Rand dieser Anschnitte sind gut zugängliche Aufschlüsse vorhanden, die zur Probenentnahme für die Korngrößenanalyse des verwitterten Gesteins genutzt werden konnten. Die häufig noch Gesteinsstruktur aufweisenden, also nicht umgelagerten Zersatzzonen der Gesteine liefern folgende Korngrößenmaxima:

- Gneiszersatz weist ein Maximum in der fS-Fraktion von >50 % auf. Es folgt mS und gU mit jeweils etwa 13 %.

- Granitzersatz hat das Maximum mit >35 % im mS-Bereich, gefolgt von ≈25 bis 30 % fS. GS liegt zwischen 10 % und 20 %, gU bei 8 % bis 10 %.

- Bei Metaquarzit liegt das Maximum mit >30 % ebenfalls im fS-Bereich. Die mS-Fraktion liefert ≈12 %. Ton liegt wie Schluff um 20 %. Auffällig ist, daß in der U-Fraktion etwa 15 % durch fU gestellt werden.

- Amphibolitzersatz liefert >50 % Ton und ≈ 35 % Schluff.

- Die metaquarzit-ähnliche Zersatzzone hat ihr Maximum mit >37 % im der gU- und mU-Fraktion, gefolgt von 23 % in der fS-Fraktion.

- Phyllitzersatz weist dagegen Tongehalte zwischen 43 % und 49 % auf, gefolgt von 33 % bis 40 % Schluff. In letzterer Fraktion dominiert Grobschluff mit bis absolut 24 %.

Den größten Raum nehmen also überwiegend sandige Ausgangssubstrate ein. Im östlichen Blattviertel und auf dem flächenmäßig weniger ins Gewicht fallenden Amphibolit finden sich dagegen schluffige bzw. tonige Verwitterungsprodukte.

Die im Zuge der Reliefentwicklung umgelagerten und z. T. bereits pedogenetisch überprägten Abschnitte der Verwitterungsdecke stellen im Arbeitsgebiet in der Regel das Ausgangsmaterial der Bodenbildung. Die Korngrößenzusammensetzung der Ausgangsgesteine ist damit ausschlaggebend für die Bodenentwicklung. Der Einfluß des tonigen Ausgangsmaterials (Phyllit) auf den Oberflächenabfluß, und damit die Oberflächenformung, wird im Vergleich zu von sandigen Gesteinen dominierten Gebieten (Gneis/Granit) deutlich.

4 Die Geomorphologie des Arbeitsgebietes

Eines der Hauptanliegen der Arbeit war die Kartierung der Bodentypen sowie deren Nutzung und Erosionsgefährdung. Deshalb wurde nach Möglichkeiten gesucht, trotz der Größe des Gebietes, dies flächenhaft zu erfassen.

Als Arbeitsgrundlage wurde deshalb mit einem für das Untersuchungsgebiet vorhandenen Luftbildblockes der FAO (1986) im Maßstab 1 : 25 000 und dem WILD Aviopret APT 1 eine geomorphologische Karte für das Gebiet südöstlich von Tobré (s. Karte 1) erstellt. Die Lage der Luftbilder im Arbeitsgebiet wurde in Form eines Befliegungsplanes von Nadir zu Nadir festgelegt. Höhenlinien wurden aus der IGN-Karte NC-31-XV (Bembéréké) 1 : 200 000 durch maßstabgerechten Angleich mittels eines höhenverstellbaren Projektors übernommen. Die Kartierung diente als Hilfsmittel für die bodenkundliche Aufnahme.

Die Reliefgenese wird deswegen überwiegend bezüglich ihrer bodengeographischen Relevanz dargestellt. Besonders das umfassende Thema der Lateritgenese kann nicht eingehend berücksichtigt werden.

4.1 Geomorphologische Übersicht

Der südliche Teil des Arbeitsgebietes bildet einen Abschnitt der E-W verlaufenden Hauptwasserscheide zwischen Mékrou, Alibori und Souédarou (Niger-Tributäre) und dem Ouémé, der zum Golfe de Bénin entwässert. Diese Wasserscheide läßt sich über eine lange Strecke des beninischen Anteils an der Plaine de Bénin hinweg bis etwa zur route national inter-Etats 2 - also etwa 110 km weit - verfolgen.

Es handelt sich um eine Abfolge lose aneinandergereihter, meist eine Eisenkruste tragender, plateauförmiger Hügel. Im Westen, an die Formation des Atacora anschließend, erreichen die Hügel der Wasserscheide Höhen bis 440 m ü. M.; im Osten, etwa ab dem Einzugsgebiet des Alibori, werden nur noch absolute Höhen bis 400 m ü. M. erreicht.

Auf den Zwischenwasserscheiden der Einzugsgebiete der Niger-Tributäre, etwa in N-S Richtung, sind in deren südlichen Bereichen teilweise noch ähnliche, sich sanft über die umgebende, flach gewellte Landschaft erhebende, eisenkrustenbedeckte Hügel erhalten. Besonders trifft das auf die Wasserscheide zwischen Mékrou und Alibori zu.

Von Nord nach Süd durchquert man im Arbeitsgebiet ein durch mehrere E-W verlaufende, periodische Gerinne aufgekammertes, schwach welliges Relief. Es leitet im südlichen Abschnitt mit konkavem, etwa 3 - 4° erreichendem Anstieg zur wieder flachen Hauptwasserscheide über. Nach Norden fällt das Gebiet bis auf fast 320 m ü. M. am Austritt des westlichen Hauptvorfluters aus dem Untersuchungsgebiet ab.

Die im folgenden zu beschreibenden Grundzüge der Reliefentwicklung finden auf etwa 3500 km² ihre Entsprechung (vgl. IGN Blatt NC-31 XIV, NC-31 XV 1 : 200 000).

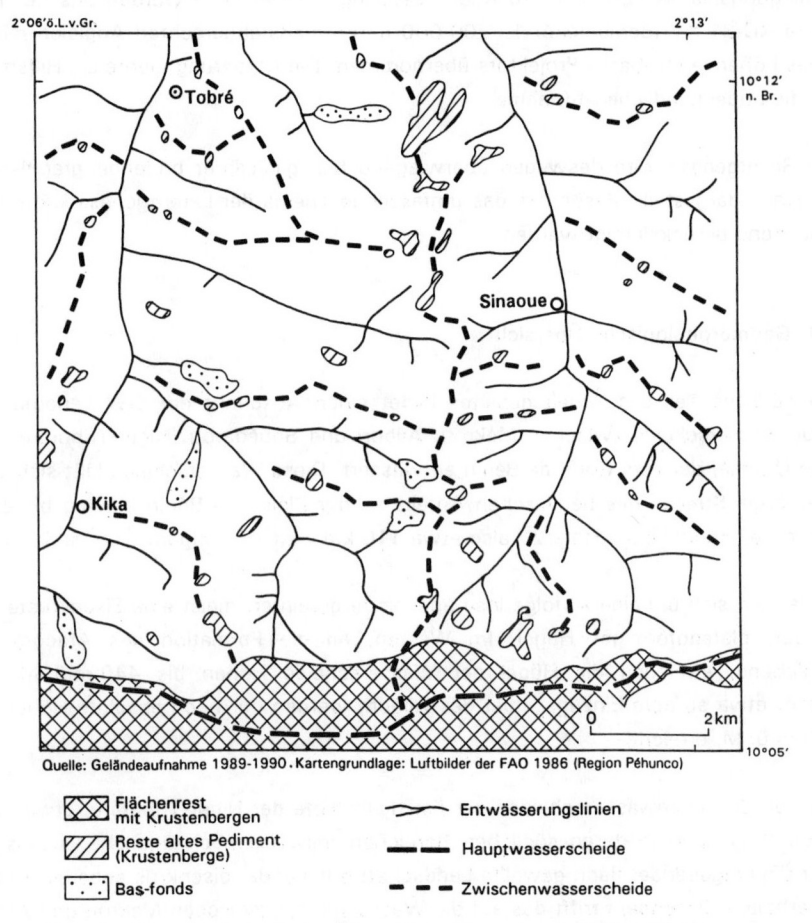

Abb. 5 Geomorphologische Übersichtsskizze des Arbeitsgebietes

4.2 Die Geländeformen des Arbeitsgebietes

Im Luftbild auffällige Formen, wie z. B. klar abgrenzbare Krustenberge und größere Entwässerungsbahnen, deren Anlage nach GIERLOFF-EMDEN & SCHROEDER-LANZ (1971) und KRONBERG (1984) Anhaltspunkte über das unterlagernde Gestein liefern, waren erster Karteninhalt. Diese Karte erleichterte die Orientierung im Gelände. Außerdem konnten abgebohrte Bodencatenen mit dieser Grundlage sofort in die Geländeeinheiten eingezeichnet werden.

Im Laufe der Kartierarbeiten wurde immer deutlicher, daß auch kleineren Geländeformen typische Bodengesellschaften, und damit häufig auch typische Nutzungsformen, zugeordnet werden können. Die Luftbildauswertung wurde deshalb intensiviert. Die Luftbildkarte wurde nach der Arundel-Methode über Paßpunkte vorentzerrt (LÖFFLER 1985:105) und anschließend an ein vorliegendes, entzerrtes Satellitenbild angeglichen. Im folgenden werden die luftbildtypischen Merkmale der Einzelformen - als Ergänzung zur Kartenlegende - kurz beschrieben:

Von einer Lateritkruste bedeckte Erhebungen (i. w. Krustenberge) - es handelt sich um Reste eines hochliegenden Pedimentes - sind im Luftbild dunkel wirkende Formen, die sich mit deutlicher Geländestufe von den umgebenden Flächen absetzen. Randlich sind sie häufig baumbestanden. Größere Formen haben flächenähnlichen Charakter. Sie finden sich zumeist in den jeweils höchsten Bereichen eines Luftbildpaares.

Unterhangkrusten weisen sehr dunkle Grauwerte auf, und es sind dort niemals Akker- oder Brachflächen vorhanden. Weitere Erkennungsmerkmale können eine zur Entwässerungsbahn hin entwickelte Kante oder ein sehr schwacher Stereoeffekt sein. Sie finden sich zumeist in Nähe der Entwässerungsbahnen bzw. von Bas-fonds.

Entwässerungsbahnen weisen Formen zwischen Kasten- und Muldental auf. Der Stereoeffekt ist ausgeprägt. Die Ränder zum jungen, tiefliegenden Pediment sind im Bereich durchschnittenen härteren Materials (Laterit, Unterhangkruste) und bei stärkerer Hangneigung kantig begrenzt, ansonsten etwas weicher. Die eigentliche Abflußbahn ist gerade in den Mittelläufen und Unterläufen häufig noch einmal tiefer in die in einem breiteren Bett abgelagerten Hochflutsedimente oder Kolluvien eingeschnitten. Drei Größenordnungen nach der Breite des Hochflutbettes werden unterschieden:

- > 80 m   Hauptvorfluter
- 20 - 80 m 1. Tributäre
- 5 - 20 m   2. Tributäre, besonders über Phyllit.

Die Ränder der Entwässerungsbahnen erster und zweiter Ordnung werden durch Dellen und Gullies gegliedert. Zum Teil sind Bas-fonds angeschlossen.

Bas-fonds sind 200 m, in Ausnahmefällen bis 600 m breite, weit gespannte Mulden mit sanftem, konvexem Übergang zum Pediment. Der Stereoeffekt ist deutlich. Sie liegen zumeist in mehreren 100 Metern Entfernung zum Vorfluter, bilden aber mit zunehmender Nähe häufig deutlich erkennbare Abflußlinien aus, die zu Dellen oder Gullies überleiten. Lateritkrusten bilden hier in der Regel Schwellen, welche im Luftbild an den dunklen Grauwerten erkennbar sind.

Dellen sind am Vorfluter angeschlossene, nicht weit in das Pediment zurückgreifende, muldenförmige, 10 m bis 50 m breite Geländeformen. Der Konvexübergang zum Pediment ist schärfer ausgeprägt als bei den Bas-fonds.

Gullies sind schmale (1 - 5 m) und tiefe (häufig 1 - 3 m, stellenweise aber auch 6 m) Einschnitte. Der Stereoeffekt ist ausgeprägt. Der Anfang dieser Formen ist meist sehr abrupt. Sie sind in Tiefenlinien von Dellen, am Ausfluß von Bas-fonds oder parallel zu Pisten ausgebildet.

Bei diesen Formen erkannte Abhängigkeiten von Relief und Boden ermöglichten es, Bodentypen aus den linienhaften Aufnahmen - über die Information aus dem Relief - in die Fläche zu übertragen.

4.3 Krustenberge des alten Pediments und der Fläche des Hauptwasserscheidenbereichs

Auf der Fläche im Hauptwasserscheidenbereich sind von einer bis 1,5 m mächtigen Kruste bedeckte Krustenberge häufig. Die Lateritfläche wird von weitgespannten Muldentälern gegliedert. Die Muldentäler der Fläche streichen im Übergangsbereich zu diesem jungen Pediment am Rand der Hauptwasserscheide aus.

Bei diesen Muldentälern könnte es sich um Abtragungsformen auf der Fläche handeln. Die Krusten der südlichen Hauptwasserscheide wären dann älter als das alte Pediment einzustufen. POSS & ROSSI (1987:41) datieren ähnliche Krustenreste in Nord-Togo in das Eozän bis Miozän. DE SWARDT (1964:319) beschreibt aus Nord-Nigeria ähnliche muldenförmige Abtragungsformen in ähnlicher Reliefposition. Er führt ihre Bildung auf Klimaschwankungen zurück. Auf den nördlich vorgelagerten, das junge Pediment gliedernden Zwischenwasserscheiden sind sie seltener (s. Karte 1). Dort handelt es sich um Reste eines älteren höherliegenden Pedimentes. Die Krustenberge erheben sich mit einem kurzen, stark (10 - 15°) bis sehr stark (15 - 20°) geneigten Hang, bei noch vorhandener Krustenbedeckung, sieben bis zehn Meter über die breiten Muldentäler der Fläche im Hauptwasserscheidenbereich bzw. über das nördlich anschließende, jüngere tieferliegende Pediment.

Die Lateritkrusten der Krustenberge werden im Hauptwasserscheidenbereich in der Regel in allen Positionen von ungefähr eineinhalb bzw. zwei Meter mächtigen Rot- und Gelblehmen unterlagert. An Gullyanschnitten fällt auf, daß ein liegender, vier bis sechs Meter mächtiger Zersatzhorizont anschließt. Die Gesteinsstruktur ist dort nicht mehr erkennbar und tritt erst unterhalb in Erscheinung. Solche Zersatztiefen, unter völliger Auflösung der Struktur, sind nur im südlichen Hauptwasserscheidenbereich erhalten (vgl. SEMMEL 1980). Nach POSS & ROSSI (1987) und den von ZEESE (1983) in NE-Nigeria gewonnenen Erkenntnissen könnte es sich dabei um Reste einer Verwitterungsdecke miozänen Alters handeln. ZEESE (1983:229) nimmt an, daß während dieser Zeit die letzte intensive, bis 20 m tiefgreifende Verwitterung stattfand. Die Krusten dieser Klimaphase wurden nach DE SWARDT (1964:313), POSS & ROSSI (1987:25) und HILTON (1963:311) weitgehend aufgearbeitet. Als Ursache werden verstärkte Hebungstendenzen (MASCLE 1977) bzw. Klimaänderungen angeführt.

Jüngere Krusten sind aus deren Umlagerungsprodukten, überwiegend Pisolithen, gebildet worden. Diese überdecken teilweise die nicht völlig entfernten Reste der vorhergehenden Verwitterungsphase (THOMAS 1974; POSS & ROSSI 1987).

DE SWARDT (1964:314) und MICHEL (1977:115) nehmen im Jungtertiär eine Phase der Krustenbildung an. Für das Altquartär nimmt MICHEL (1977:115) eine Pedimentationsphase an. Die Krusten der Hauptwasserscheide könnten dann mit DE SWARDT (1964) und MICHEL (1977) in das Jungtertiär zu stellen sein, das alte Pediment in das Altquartär. Mangels ausreichend großräumiger Untersuchungen bleibt diese Einordnung im Arbeitsgebiet hypothetisch.

Von FAUST (1991) und RUNGE (1990) werden in Nord-Togo Lateritkrusten in 400 - 440 m ü. M. beschrieben. Die Krustenausbildung ähnelt in diesen Fällen der des Arbeitsgebietes (s. w. u.). McFARLANE (1983:45) macht jedoch darauf aufmerksam, daß Parallelisierungen von Krustenniveaus nur nach eingehenden Analysen an kompletten Profilen der Arbeitsgebiete sicher abgeleitet werden können. Dies war nicht Thema der Arbeit. Die Einordnung bleibt deshalb - trotz der erkannten Gemeinsamkeiten - hypothetisch.

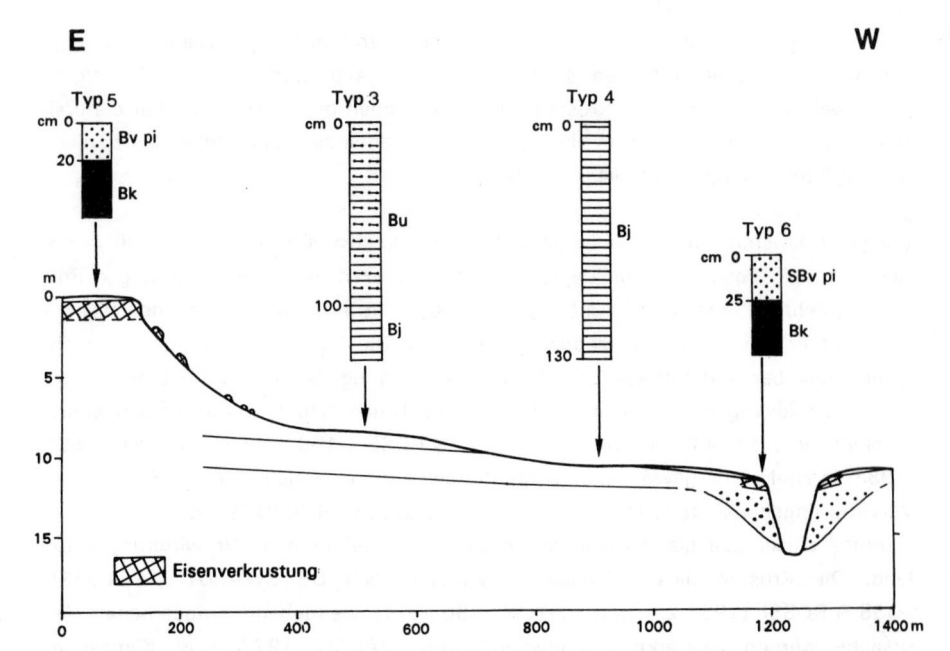

Flächen mit bis zu 2 m mächtigen, den Krustenbergen vorgelagerten, Rotlatosolen und Gelbplastosolen.

Abb. 6 Catena eines Flächen-Krustenberges

Die Krusten setzen sich im Arbeitsgebiet in der Regel überwiegend aus in Eisenmatrix eingebetteten Pisolith-Konkretionen (vgl. FAUST 1991:76; RUNGE 1990:55) von 2 bis 8 mm zusammen. Die Größenangabe basiert auf über 20 Messungen von 20 x 20 cm Krustengrundfläche und ist nur als Anhaltspunkt gedacht. Gemessen wurden - mit einem achtfach vergrößernden Fadenzähler - Maximal- und Minimalwerte der Pisolithgrößen. Vereinzelt liegen Bruchstücke von Quarzit und Gneis in den Krusten. Dies bestätigt also die Befunde vorgenannter Autoren und erschwert gleichzeitig die Trennung der "Rumpfflächenkruste" des Hauptwasserscheidenbereiches von der des älteren Pedimentes.

Wurzelbahnen waren nicht festzustellen. Zum Teil sind Sackungserscheinungen erkennbar, die eine antithetische Verstellung etwa metergroßer Krustenstücke zur Folge hatten. Die Rutschungsbahnen bilden dort ein auf der intakten, ebenen Oberfläche des Krustenberges sichtbares Muster. Es ist über große Flächenteile sichtbar. Sie sind also keine rezenten Bildungen, etwa in Form des Talzuschubes, obwohl an diesen Strukturen die Krustenschollen letztlich auch abbrechen. Die Bruchstücke werden bis zum Erreichen des Unterhanges weiter zerlegt; Pisolithe lösen sich einzeln aus dem Verband. SCHELLMANN (1974:66) führt dies auf die geringe Widerstandsfähigkeit der Krusten gegen Insolation zurück.

Fehlende Wurzelbahnen, die mächtigen Pisolithpackungen und die Sackungs-/Setzungserscheinungen lassen auf Akkumulation in feuchtem Milieu schließen. TESSIER (1964) nimmt sogar an, daß Krusten durch überwiegend absolute Akkumulation in Seen gebildet wurden. Die die heutige Oberfläche nicht verstellenden Strukturen scheinen nicht auf "Lateritkarst" zurückzugehen. Verfüllte oder offene Hohlformen waren an den randlichen Anschnitten der Krustenberge nicht zu erkennen.

Mechanische Störungen bei der Krustenbildung sind auch wegen der eingearbeiteten Gesteinsbruchstücke wahrscheinlich (McFARLANE 1983:27).

Im Bereich der Fläche sind die Krustenoberflächen kaum geneigt. Weiter nördlich zeichnet die Neigung der Altpedimentreste jedoch die Abdachungsverhältnisse des jungen Pedimentes nach. Offensichtlich wirkte hier der Metaquarzitzug auch früher als morphologischer Härtling. Er trennte bereits die zwei Einzugsgebiete über vorherrschend Phyllit bzw. Gneis.

Mit zunehmender Entfernung zur Hauptwasserscheide nimmt der Durchmesser der Krustenberge ab (s. Karte 1). Da bei diesen kleineren Pedimentresten häufig die bedeckende und vor Abtrag schützende Eisenkruste zerbrochen ist, sind diese, dann infolge der fortgeschrittenen Abtragung eher hügelartig erscheinenden Formen baumbestanden. Die Durchwurzelung des Unterbodens ist durch die zerbrochene Kruste erleichtert. Im Gegensatz dazu sind die über größere Bereiche eine intakte Kruste aufweisenden, plateauartigen Krustenberge meist grasbewachsen. Nur auf den Hängen wachsen Bäume.

Zum Teil sind sehr flache Mulden auf den größeren Lateritflächen entwickelt. Sie nehmen den der Größe des Krustenberges entsprechenden Abfluß auf und entwässern ihn. Dies führt zur randlichen Zerschneidung der Stufe. Diese Krustendepressionen können durch Auswaschung des unterlagernden Materials entstehen (LE COCQ 1986; McFARLANE 1983:46; SEMMEL 1986b:91) oder primär angelegt sein.

Infolge von Eisenanreicherung wasserundurchlässige, eisenverkrustete Geländedepressionen sind an krustenbergnahe Oberhänge des jungen Pedimentes gebunden. Das Eisen stammt wahrscheinlich aus höheren Geländeeinheiten (ALEXANDER & CADY 1962; BOWDEN 1987; LANGE 1985; McFARLANE 1976).

Die Reste des alten Pedimentes sind fast immer auf den Zwischenwasserscheiden der Teileinzugsgebiete erhalten (s. Karte 1 und vgl. BREMER 1974; FÖLSTER 1964; HILTON 1963; RAUNET 1985). Diese können also im Luftbild rasch durch das Vorkommen von Krustenbergresten eingegrenzt werden.

4.4 Das junge Pediment und jüngere Eintiefungen

Das tiefergelegene junge Pediment bzw. dessen Relikte nehmen die größte Fläche des Arbeitsgebietes ein. Es wird durch ost-westlich verlaufende Entwässerungsbahnen in Teileinzugsgebiete zergliedert bzw. durch Bas-fonds aufgelöst (s. MÄCKEL 1985), wobei der Metaquarzit bei höherer Reliefenergie nur kürzere Laufstrecken der dem östlichen Hauptvorfluter angeschlossenen Tributäre zuläßt (s. Karte 1).

Die ehemaligen, im Bereich der Zwischenwasserscheiden nachvollziehbaren Abdachungsverhältnisse, mit durchgängigem, sanftem Anstieg ($\approx 0{,}5 - 1°$) des jungen Pedimentes von Norden und steilerem ($\approx 3 - 4°$), konkavem Hang nach Süden, wurden durch die Entwicklung eben dieser kleineren Teileinzugsgebiete zerstört.

Das junge Pediment wurde im anstehenden Gestein ausgebildet. Unter den Deckschichten - einer liegenden, gelblichen, tonigen und einer hangenden, sandigen, braunen - findet sich häufig noch, anders als auf der südlichen Hauptwasserscheide, Gesteinsstruktur aufweisender Zersatz (vgl. FÖLSTER 1964; MICHEL 1977; POSS & ROSSI 1987; ROHDENBURG 1970a; VOGT 1959).

Eine dünne Gangquarzschicht liegt diesem häufig auf. Der Gesteinszersatz ist im Bereich des jungen Pedimentes - wiederum anders als auf der südlichen Hauptwasserscheide - vor allem im Gneis/Granit-Gebiet nur sehr schwach mit Pisolithen durchsetzt. Der Pisolith-Laterit im Sinne von FÖLSTER (1964:402) ist dort also kaum ausgeprägt.

Die Quarzbruchstücke bzw. die im Phyllitzersatz vermehrt vorkommenden Pisolithe streichen am Unterhang aus. Vor allem in Bereichen, wo die im Gneis/Granit-Gebiet auf dem jungen Pediment vorhandene, oberflächliche sandige Deckschicht nicht entwickelt oder geringmächtig ist, sind die Unterhang-Quarz- und Pisolithschuttpflaster im Luftbild zu erkennen. Dies tifft namentlich im Phyllit-Gebiet zu (s. Karte 2).

Die Zwischenwasserscheiden tragen z. T. dünne, meist 40 - 50 cm mächtige Krusten. Es handelt sich um in rotbraunem tonigem, teilweise eisenverkittetem Material eingebettete Pisolithpakete, die ohne erkennbare Wurzelbahnen aufgebaut sind und unebene Oberflächen aufweisen. Diese Krusten sind wohl keine Rückstände des häufig im nahegelegenen Vorland von Krustenbergen entwickelten Plinthitrotlatosols. Dessen Krustenbruchstücke treten kleinräumiger auf. Außerdem werden diese regelmäßig von weitgehend pisolithfreiem Rotlehm unterlagert, der folglich völlig entfernt sein müßte. Des weiteren liegen die Krusten häufig über Zersatz; der Rotlehm ist aber meist von einem Gelblehm unterlagert.

Diese Böden sind unter Krustenbergen des alten Pediment geringer mächtig als auf der Hauptwasserscheide.

Das Vorkommen dieser geringmächtigen, überwiegend schwachwellig ausgebildeten, mit leichten Depressionen durchsetzten Krusten könnte durch die Ablagerung eines Pedimentschuttes i. S. v. FÖLSTER (1964:401), bestehend aus Krusten- und Konkretionsschutt, zu erklären sein. Da Material der Krustenberge aufgearbeitet wurde, ähnelt sich die Zusammensetzung. Nach FÖLSTER (1964:414) wurde dieser Schutt in Form von verwachsenen, kleinen Schuttfächern durch kleine episodische Rinnen gebildet. Dies könnte die sehr unregelmäßige Oberfläche erklären. Die Rinnen anastomisieren, die Aufschüttung wird verbreitert, wahrscheinlich vor allem im Fußbereich des nach Süden zurückweichenden konkaven Hangabschnittes (MEYER 1966; WEISE 1970).

Das stichhaltigste Argument für diese Annahme liefert die N-S-Erstreckung der dünnen, vor allem in der westlichen Blatthälfte gut sichtbaren, jüngeren Krustenpartien über mehrere Teileinzugsgebiete - von diesen natürlich zergliedert - hinweg (s. Karte 2). Das auf die Felsfußfläche umgelagerte gelblich-tonige Material überdeckt diesen Pedimentschutt in der Regel nicht.

Wenn diese Gerinne des jungen Pedimentes aber noch nach Norden entwässerten, dann muß die Eintiefung des Hauptvorfluters, mit Ausbildung E-W verlaufender Tributäre, jünger als die Bildung des Pedimentschuttes sein. Dieser wurde von ihnen, im Luftbild an Engtalstrecken sichtbar, ausgeräumt.

Der Hauptvorfluter muß sich also relativ rasch eingeschnitten haben. Die von ihm ausgehende rückschreitende Erosion griff an stärker vorverwitterten Schwächezonen der ehemaligen Felsfußfläche (MENSCHING 1978:17) - den Klüften - gerade auf den hier vorkommenden, kaum Grundwasser aufnehmenden Gesteinen leicht zurück.

Für diese Überlegung spricht auch, daß die gelblich-tonige Deckschicht des jungen

Pedimentes mit Annäherung an die Tributäre 1. Ordnung in der Regel ausstreicht und der Gesteinszersatz zutage tritt. Das junge Pediment wurde also aufgekammert (vgl. FÖLSTER 1983:15). Dabei wurde die tonige Pedimentbedeckung z. T. entfernt und vor allem in den Mittel- und Unterläufen bis in den Zersatz hinein ausgeräumt. In jung zurückgeschnittenen Formen tritt sogar kleinräumig kuppenartig aufgeschlossenes, frisches, anstehendes Gestein zutage (vgl. SEMMEL 1986b:84).

Im Endbereich, seltener im Zentrum der Bas-fonds, aber auch auf zu den Hauptvorflutern auslaufenden Zwischenwasserscheiden sowie oberhalb einiger Dellen findet man hin und wieder größere Schildinselberge. Sie sind hier also nicht, wahllos über die Fläche verteilt, Ausdruck eines Grundhöckerreliefs im Sinne von BÜDEL (1957). Vielmehr sind sie meist an Erosionsformen bzw. an deren Oberhänge gebunden. Es handelt sich wohl überwiegend um quarzreichere Gesteinspartien (BRONGER 1983:47).

Die in jung zurückgeschnittenen Formen auftretenden frischen Gesteine nehmen dagegen durchweg nur kleinere Flächen als die Schildinselberge ein. Im Bas-fond-Zentrum ist nur in teilweise ausgeräumten Formen, nahe des Vorfluters, frisches, anstehendes Gestein vorhanden.

Die Bodenabfolgen der Teileinzugsgebiete ähneln sich generell. Flache Dellen im Mittelhangbereich sind noch von gelblich, tonigem Material durchzogen. Der Abtragungsprozeß kann also nicht linienhaft, sondern muß flächenhaft wirksam gewesen sein. Es handelt sich wohl um eine erneut wirksame, in derselben Richtung (N-S) angelegte "Kleinpedimentation". Sie verlegte die Hänge weiter von der ehemals weniger tief eingeschnittenen Vorflut zurück (FÖLSTER 1964:404; ROHDENBURG 1976: 12).

Da auf den Zwischenwasserscheiden der Teileinzugsgebiete der Pedimentschutt bzw. die auch noch auf den Ober- und Mittelhängen vorhandene gelblich tonige Deckschicht zu finden sind, war dieser Vorgang offensichtlich nicht sehr wirkungsvoll. Die Auflösung des Altpedimentes auf den Zwischenwasserscheiden ist, bis auf die jüngste Zerschneidung, folglich nicht darauf zurückzuführen. Sie wurde bereits durch die Anlage des jungen Pedimentes verursacht.

Wo der Verlauf der Zwischenwasserscheide sich nicht an Altpedimentreste anlehnt, sondern wo sich diese in höheren Hangbereichen befindet, ist zumeist junge, um die Reste herumgreifende Rückschneidung mit teilweiser Hangrückverlegung verantwortlich.

Mit Annäherung an die südlich gelegene Hauptwasserscheide entwickeln sich die Teileinzugsgebiete zunehmend asymmetrisch. Die wegen der konkaven Vorform des jungen Pedimentes jeweils stärkere Hangneigung der der Hauptwasserscheide näheren Südhänge führte zu ihrer rascheren Rückverlegung. Die Zwischenwasserscheiden (WS) liegen deshalb südlich weiter entfernt, nördlich dagegen nahe bei den Entwässerungslinien (vgl. ROHDENBURG 1989).

Die größten Tributäre 2. Ordnung finden sich auf den südlichen, größere Einzugsgebiete darstellenden Hängen, bevorzugt auf Phyllit. Dort ist das Entwässerungsnetz allgemein etwas verzweigter. In den steilsten Abschnitten knickt auch die Entwässerungsrichtung der Tributäre 1. Ordnung abrupt, dem Kluftnetz folgend, in südliche Richtung um.

Die ehemaligen Ränder der Entwässerungslinien werden häufig von Unterhangkrusten nachgezeichnet (ROHDENBURG 1976; McFARLANE 1983, 1987). Sie liegen im Arbeitsgebiet i. d. R. über Zersatz und z. T. in umgelagertem Gelblehmmaterial. Am Rand des Hauptvorfluters finden sie sich teilweise auch über verlagertem Rotlehm. Dort wurden offensichtlich in Auflösung befindliche Krustenbergreste umgelagert.

Besonders in etwa 100 m Entfernung, am Rand des das Gneisgebiet entwässernden Vorfluters, ist eine dem heutigen Talverlauf folgende, mit 70 - 100 cm für das Arbeitsgebiet überdurchschnittlich mächtige Unterhangkruste entwickelt.

Andererseits gibt es Krusten im Arbeitsgebiet, die nicht immer massiv und nicht nur in einer Reliefposition vorhanden sind. Vielmehr kommen an Hängen zu den Vorflutern auch dünne Krustenlagen vor, die durch Umlagerungsprodukte verschiedener Abtragungsphasen getrennt werden. Meist handelt es sich um Gelblehmmaterial. Unter solchen Bedingungen entstehen Krustentreppen, deren Kanten herauspräpariert werden (vgl. FÖLSTER 1983:16).

Intakte, massive Unterhangkrusten sind allgemein im Gneis/Granit-Gebiet häufiger als im Phyllit-Gebiet. Die dort entwickelten Böden weisen geringere Infiltrationskapazitäten auf als die Böden über sandigen Ausgangsgesteinen. Lösungsprodukte werden eher mit dem Oberflächenabfluß abtransportiert (McFARLANE 1983:19).

Auch auf Gneis und Granit sind die Unterhangkrusten randlich der Entwässerungslinien niederer Ordnung an den Unterläufen geringer mächtig und z. T. nicht richtig verhärtet ausgebildet. Im verhärteten Zustand liegen sie, wie bereits erwähnt, meist

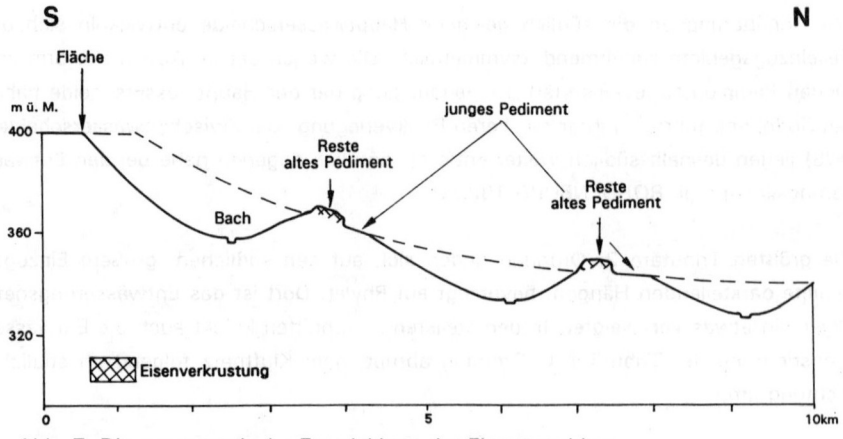

Abb. 7 Die asymmetrische Entwicklung der Einzugsgebiete

als etwas erhöhter, teilweise kantiger Anstieg am Rand des mit Hochflutlehm oder Kolluvium aufgefüllten, nach ROHDENBURG (1976) altholozänen Hochflutbettes, in das sich die eigentlichen Bachläufe erneut eingeschnitten haben. In Richtung zum Mittelhang streichen sie - z. T. mit einer kleinen Kante - aus. Sie markieren die Ränder der ehemals muldenförmigen Entwässerungsbahnen.

Auf diese Krusten sind - im Mittel- und im Unterlauf der Entwässerungslinien - die Hänge der Teileinzugsgebiete überwiegend eingestellt. Hin und wieder werden diese Krusten von sanften Dellen bzw. jungen Gullies zergliedert. Diese Formenabfolge ähnelt der von ROHDENBURG (1970a und 1976) aus Nigeria beschriebenen Situation. ROHDENBURG (1970a:71 und 1976:11) nimmt für die dort entwickelten Unterhangkrusten jungpleistozänes bis altholozänes Alter an. Möglicherweise hat diese Einordnung auch im Arbeitsgebiet Gültigkeit.

LEVEQUE (1969), PAGEL (1974) und McFARLANE (1983) nehmen an, daß ähnliche Formen im Zuge einer Bodenbildungsphase durch laterale Eisenanreicherung im Grund- oder Stauwasserschwankungsbereich gebildet werden. Durch die Eintiefung der Tributäre 1. Ordnung gelangten die Eisenanreicherungshorizonte außerhalb des Grundwassereinflusses und verhärteten (vgl. McFARLANE 1983). Zum Teil handelt es sich wohl um erneut umgelagerte Krustenbestandteile (FÖLSTER 1964). Desweiteren ist denkbar, daß sich die Krusten durch residuale Anreicherung nach Entfernen des Bodenfeinmaterials bildeten (POSS & ROSSI 1987:27; McFARLANE 1983:26). Offenbar sind die Krusten teilweise in älteren, sanft muldenförmigen Vorformen angelegt. Sie sind dann im Zentrum etwas mächtiger, am Rand dünner entwickelt.

Nach Bildung dieser Krusten haben sich die Bachläufe also noch einmal eingeschnitten. In den Einschnitten lagerte sich anschließend Hochflutlehm oder Kolluvium ab.

Nach FÖLSTER (1983:60) könnte die Kleinpedimentation sowie die Ausräumung der Bachbetten im A2α auf etwa 7000 a BP datiert werden. ROHDENBURG (1976) legt diese Phase in einen nicht genauer datierten Abschnitt des Altholozäns.

Die vom Talbereich rückgreifenden Gullies und die Einschnitte in die jetzt mit Kolluvium verfüllten Bachbetten datiert FÖLSTER mit 2000 a BP in das A3α. ROHDENBURG nimmt 2000 - 2500 a BP an. Die Taleintiefung wurde mit jeder Aktivitätsphase weiter eingeengt (vgl. ZEESE 1983:228).

Mit dieser Einschneidungsphase lassen sich vielleicht auch zwei mit bis zu vier Metern mächtigen Pisolithschüttungen verfüllte, im Zersatz angelegte Dellen parallelisieren. Sie sind in die ehemalige Arbeitskante des jungen Pedimentes im Übergang zur Hauptwasserscheide eingeschnitten (vgl. Abb. 2). Diese Dellen sind im Zentrum der sanften, die Krustenbergreste untergliedernden Muldentäler angelegt. Der Materialexport (WEISE 1970) aus diesem Gebiet mit entsprechendem pisolithischen Anteil war also zeitweise möglich. Später wurden diese Formen völlig mit Pisolithen in recht lockerer Lagerung zusedimentiert. Falls die Akkumulation der Pisolithpakete zeitlich mit den Ablagerungen in den Tälchen einherging, wären sie dann ebenfalls als altholozän anzusehen.

Die Pisolithpakete werden in ihrem Zentrum von der jüngsten linearen Erosion ausgeräumt. Die hangabwärts anschließenden Abschnitte der Gullies sind dagegen, auch in den Tiefenlinien, baumbestanden und daher im Moment wohl inaktiv.

Solche Ausräumungsformen findet man z. B. im Südwesten neben dem großen Altpedimentrest und in der Mitte des Blattsüdrandes (s. Karte 1). Dort sind in den Endbereichen die jungen, bis etwa vier Meter mächtigen, nur an der freiliegenden Wand etwas verhärteten Pisolithschüttungen in den Einschnitten angeschnitten. Es handelt sich um Umlagerungsprodukte der umgebenden Krustenberge.

Da nur an den tiefsten Stellen ausgeräumt wird, bleiben die randlich ausstreichenden, geringer mächtigen Abschnitte erhalten, erlangen Luftzutritt, härten aus und bilden hangabwärts, links und rechts der Tiefenlinie, flache, herauspräparierte Lateritkrusten. Es fand also Reliefumkehr statt (s. McFARLANE 1983). Ähnliches gilt für den Kopfbereich, wo oberhalb der Einschnitte oberflächlich freigespülte Pakete aushärten und nach Entfernen der unverhärteten, unterlagernden Pisolithschüttungen in Schollen nachstürzen. Der Aushärtungsprozeß kann nach ALEXANDER & CADY (1962:47) durch den Einfluß der Vegetation auf gut drainierten Standorten nachträglich umgekehrt werden. Neben geändertem Mikroklima und dem Einfluß der Wurzeln sind wahrscheinlich organische Komplexbildungen mit Eisen dafür verantwortlich.

Die Pisolithe finden sich z. T. in tieferen Geländeeinheiten, häufig mit Kolluvium überdeckt, über älteren Bodenbildungen oder über Zersatz wieder.

Die episodischen Pedimentschuttrinnen, die ältere und die jüngere Zerschneidung, folgten also jeweils der älteren Vorform (vgl. SAVIGEAR 1960:164) und verlagerten nicht, wie vielfach angenommen (FÖLSTER 1964; McFARLANE 1983) im Zuge einer Reliefumkehr ihren Lauf.

Im Kopfbereich ähnlicher gully- oder runsenartiger Formen finden sich vereinzelt randlich in die Krusten des hochliegenden, alten Pedimentes eingetiefte, kesselförmige Hohlformen. An zwei solcher Beispiele, im Südosten des Gebietes, konnten in Endbereichen zweier tiefer Runsen mündende, Kaolinit gefüllte, etwa 25 cm Durchmesser aufweisende, röhrenähnliche Bildungen gefunden werden. Sie schneiden gegen einen Krustenberg zurück. Sie könnten auf Piping zurückzuführen sein (MÄCKEL 1976; RATHJENS 1973).

Häufig ist die die Hohlform zum Abfall hin trennende Kruste bereits entfernt. Diese Formen entwässern dann oberflächlich und zerlappen die Stufenfront. Das Piping wirkt dabei richtungsbestimmend für die rückschreitende Erosion des Gullys (vgl. GUTIERREZ et al. 1988; HARVEY 1982). Da nur zwei solcher Beispiele gefunden werden konnten, handelt es sich in diesem Gebiet wohl eher um die Ausnahme von der Regel, obwohl einseitig aufgebrochene, kesselförmige Zerlappungen der Krustenbergränder etwas häufiger zu finden sind.

In diesem Gebiet höherer Reliefenergie finden sich auch die tiefsten gullyartigen, nicht anthropogen verursachten Einschnitte (s. Karte 1). Ihre Endbereiche sind häufig, wie auch die der weniger tiefen Einschnitte, von den sich hier bei Niederschlägen konzentrierenden Wassermassen ausgekolkt, übertieft. Es fällt auf, daß diese Endbereiche nicht bis direkt an die Altflächenreste heranreichen. Es scheint, daß ein schmaler Spülsaum vorhanden ist, der erst zerschnitten wird, wenn die hangabwärts zunehmende Wassermenge dafür ausreicht (BÜDEL 1957; WEISE 1970).

Vereinzelt finden sich toniges Residuum aufweisende, kreisförmige Eintiefungen auch auf den Zwischenwasserscheiden. Die im Pediment-Krustenschutt angelegten Formen sind mit etwa einem Meter Durchmesser kleiner als die außerhalb der Krustenareale angelegten Einsenkungen. Letztere sind tiefer (bis zu einem Meter), teilweise trichterförmig und erreichen maximal vier Meter Durchmesser.

4.5 Die Bas-fonds

Ein weiteres Formenelement des Arbeitsgebietes stellen die dort in geringer Zahl entwickelten Bas-fonds dar.

Bas-fonds bilden sich hier nur über Gneis und Granit (vgl. ACRES et al. 1985). Sie sind als Abtragungsformen im Zersatz angelegt (vgl. RAUNET 1985:30). Andererseits sammelt sich dort heute umgelagertes Material aus dem Einzugsgebiet. Piping konnte in den Bas-fonds des Arbeitsgebietes nicht nachgewiesen werden.

Es handelt sich z. T. um headwater Bas-fonds bzw. um seitlich an Entwässerungslinien ausgebildete Hang-Bas-fonds i. S. v. ACRES et al. (1985:65). Letztere weisen etwas größere Gefälle auf als die meist nahe der Wasserscheiden entwickelten headwater Bas-fonds. Nach RAUNET (1985), ACRES et al. (1985) und MÄCKEL (1985) folgt ihre Längsachse ebenfalls häufig Schwächezonen darstellenden Klüften.

Im Arbeitsgebiet sind Bas-fonds an die im Übergangsbereich zum Vorfluter vorhandenen Unterhangkrusten gebunden. Diese hemmen die von dort ausgehende rückschreitende Erosion und verhindern damit die rasche Zerstörung der Bas-fonds. Außerdem wird die Tieferlegung der Hänge durch die sich überwiegend durch Ausräumung zurückverlegenden Bas-fonds verhindert oder zumindest verlangsamt. Ferner behindern an den Rändern der Bas-fonds teilweise entwickelte dünne, bis maximal 10 cm mächtige Krusten die weitere Verbreiterung der Bas-fonds (vgl. RAUNET 1985:39). Nach MÄCKEL (1985:7) handelt es sich bei diesen dünnen Krusten um Anzeiger eines ehemals höheren Bas-fond-Niveaus.

Die Abgrenzung der im Unterlauf z. T. Gerinne aufweisenden Bas-fonds kann nach RAUNET (1985:28) über die Ausbildung eines für Bäche/Flüsse typischen Uferdammes vorgenommen werden. Dieser bildet sich in Bas-fonds nicht. Aufgrund der zeitweise kompletten Überschwemmung der Bas-fonds und des entsprechenden Materialabsatzes bei langsamer Wasserbewegung verteilt sich dieses Material über den ganzen Bas-fond-Grund.

Die Tributäre 1. Ordnung weisen allerdings ebenfalls im Mittel- und Unterlauf häufig keine Uferdämme auf. Aus ihrem etwa zwei bis vier Meter tief in Kolluvium, Hochflutlehm oder Zersatz eingeschnittenen Lauf und wegen des schnellen Abflusses nach Starkregenereignissen läßt sich aber ableiten, daß sie nicht den Bas-fonds zugehörig sind.

Das Grundwasser zirkuliert im Gneis- und Granitgebiet überwiegend im Zersatz (vgl. WIRTHMANN 1985; UNESCO 1979:88). Der Strukturzersatz kann nach FELIX-HENNINGSEN (1987:995) bis ≈30 % Masse verlieren, ohne sein Gesamtvolumen zu verändern. Entsprechend hoch ist dann der Wassergehalt.

Die wohl wasserwegsame Bruchstruktur des Arbeitsgebietes wurde bisher nicht als solche erkannt und deshalb auch nicht zur Wassergewinnung genutzt (Bohrbrunnen). Die zwischengeschalteten Quarzitbänke gelten wie Gneis und Granit als relativ dicht (UNESCO 1979). Örtliche Schachtbrunnenbauer des DED schachten deshalb auch nur bis auf das anstehende Gestein hinab aus. Brunnenwasserstände ermöglichen deshalb - bei bekannter Brunnentiefe - Rückschlüsse auf die Höhe des GW-Spiegels im Zersatz. Außerdem können so jahreszeitliche Schwankungen erfaßt werden. Es ist darauf zu achten, die Höhe der Brunnenmauer von den gemessenen Werten abzuziehen.

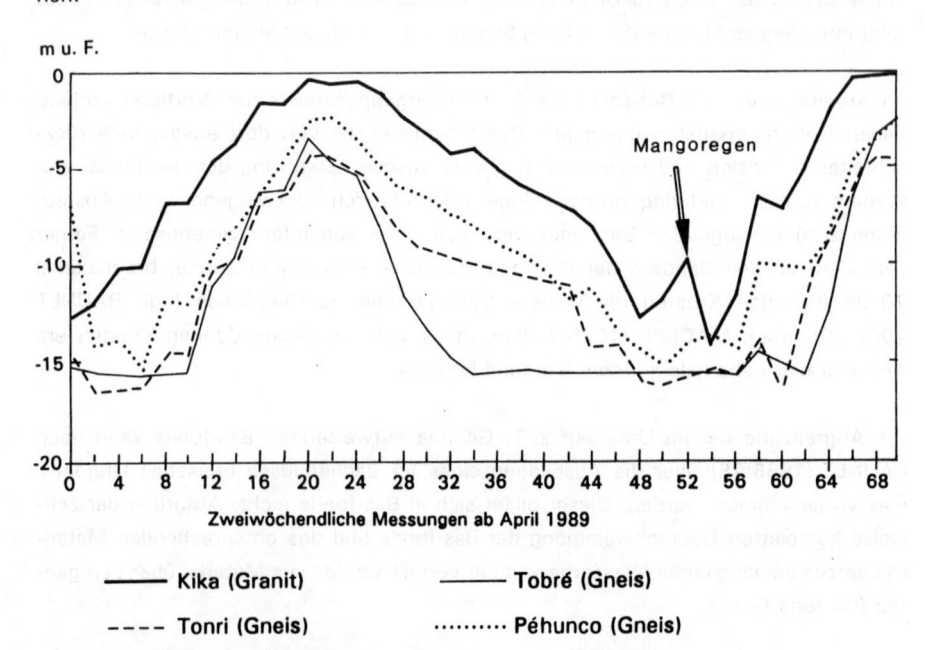

Abb. 8 Die Brunnenwasserstände im Jahresgang 1989/90

Der Wasserstand von vier am Hauptvorfluter gelegenen Brunnen wurde mittels einer Brunnensonde (Seba KLL) über zwei Jahre zweiwöchentlich gemessen. Trockenzeitminimum und Regenzeitmaximum der Wasserstände differieren übereinstimmend um etwa 12 Meter. Der Brunnen in Granitzersatz reagiert selbst auf geringe Niederschläge spontan. Die der Hauptregenzeit vorgelagerten Mangoregen prägen sich im Kurvenverlauf deutlich aus. Die Brunnen in Gneis reagieren träger. Im Fall Tobrè fällt der Wasserspiegel aufgrund der Spornlage des Brunnens früh ab. Die Kurve verläuft in der Trockenzeit nahezu horizontal. Daß der Brunnen nicht völlig trockenfällt, könnte durch eine Sohlabdichtung aus eingeschwemmtem Ton - aus den randlichen Zersatzbereichen - in den Brunnen zu erklären sein. Weiterhin ist auch eine wellige Ausbildung des Übergangsbereichs vom Zersatz zum frischen Anstehenden - etwa an Klüfte gebunden - nicht auszuschließen.

LELONG (1966) maß in Bas-fonds Nordbenins Schwankungen bis zu sechs Metern, wobei der Zersatz der Bas-fonds, ebenso wie der des Flußbettes, zu Ende der Trokkenzeit weitgehend austrocknet.

Bohrungen an einigen Unterläufen von Entwässerungsbahnen 1. Ordnung, die zur Sondierung von Barragenstandorten niedergebracht wurden, ergaben ebenfalls Lokkermaterial- und Zersatztiefen von fünf bis sieben Metern, bevor Festgestein angetroffen wurde. Die jüngeren Formen sind offenbar weniger tief verwittert als der ältere Talboden.

Zu berücksichtigen ist allerdings, daß in beiden Fällen ältere Vorformen wieder verfüllt wurden. Es ist daher leicht verständlich, daß häufig auch bei den Marigots 1. Ordnung im Unterlauf Strukturzersatz und untergeordnet relativ frisches, anstehendes Gestein auftritt (vgl. SEMMEL 1986b:84). Die Verwitterungsfront liegt also zumindest teilweise, selbst in den zeitweise stark durchfeuchteten Geländepartien, deutlich höher.

4.6 Zusammenfassung der geomorphologischen Situation

Es handelt sich im Untersuchungsgebiet einerseits um ineinanderverschachtelte, auf den Zwischenwasserscheiden erhaltene Pedimentreste (s. ZEESE 1983:229). Zumindest das junge Pediment wurde im Anstehenden bzw. im Strukturzersatz angelegt. Dessen jüngste Aufkammerung führte zur Verdichtung des Hohlformennetzes (ROHDENBURG 1989:171) und von diesen Hohlformen ausgehender Kleinpedimentation.

Die Entwässerungsbahnen haben sich anschließend, offenbar in zwei Phasen, die von Akkumulation unterbrochen waren, bis in den Strukturzersatz bzw. sogar in das anstehende Gestein eingetieft. Von ihnen geht heute die Zerschneidung der Unterhänge (vgl. SEMMEL 1986b:84) aus. Die weitere Tieferlegung einzelner Abschnitte der Teileinzugsgebiete erfolgt auch über Bas-fonds.

Auf dem von dieser Entwicklung nur randlich erfaßten, südlichen Hauptwasserscheidenbereich finden sich andererseits großflächig krustenüberdeckte Reste jungtertiärer Verwitterung. Die entsprechend größeren Verwitterungstiefen und auch die größere Profilmächtigkeit der hier entwickelten Böden unterscheiden dieses Gebiet deutlich von den südlich vorgelagerten, kleingekammerten Pedimentresten (vgl. von SEMMEL 1980 beschriebene Beispiele aus Zentralafrika und Kamerun mit ähnlicher Entwicklung).

Das Arbeitsgebiet kann also in vier Reliefeinheiten untergliedert werden: Die Fläche, das alte Pediment, das junge Pediment und junge Einschneidungen mit Bas-fonds.

5 Die Böden des Arbeitsgebietes

Im gesamten Arbeitsgebiet wurden nach Kompaßzahl Catenen mit dem 1 Meter-Bohrstock abgebohrt, einerseits in E-W Richtung, der Neigung der jungen Entwässerungsbahnen folgend, andererseits in N-S Richtung, der Abdachung des jungen Pedimentes folgend. Die Bodenkartierung um Einzelformen, etwa Krustenberge, die Flußaue, Lösungserscheinungen oder die Pedimentschuttrinne kamen ergänzend dazu. Die Ergebnisse dieser etwa vier Monate dauernden, ersten Kartierungsphase wurden flächendeckend auf die geomorphologische Karte übertragen. In einer zweiten Phase wurden nicht schlüssig zuzuordnende Gebiete aufgesucht und überprüft.

5.1 Quartäre Schuttdecken und Bodengenese

Die Böden des Arbeitsgebietes sind im Bereich des zergliederten jungen Pedimentes überwiegend in Schuttdecken entwickelt (vgl. hierzu FAUST 1989, der aus dem benachbarten Togo eine ähnliche Bodengenese beschreibt).

Über Phyllit und Gneis/Granit findet sich das bereits erwähnte gelblich tonige Substrat. Dieses Material stammt aus dem südlichen Hauptwasserscheiden-Bereich. Die dort großräumig vorhandenen, wahrscheinlich jungtertiären Gelblehme (Gelbplastosole) wurden teilweise aufgearbeitet und auf die ehemalige, vorgelagerte Felsfußfläche umgelagert. Dieses Pedisediment ist also pedogenetisch vorgeformt (vgl. FÖLSTER 1983:19). Die Böden der Hauptwasserscheide sind heute häufig noch bis 2 Meter mächtig. Deutliche Steinlagen sind nicht ausgeprägt, die Profile sehr homogen.

Auf dem jungen Pediment beschränkt sich die Schichtmächtigkeit des umgelagerten Gelblehmes selbst in günstigen Lagen - nämlich den Zwischenwasserscheiden - auf maximal 60 cm. Zumeist ist sie nur 40 cm mächtig. An der Basis dieser Schicht findet sich eine Lage aus Gangquarzbruchstücken und Pisolithen. Der Übergang dieser Schicht zum Strukturersatz oder zu geringmächtigen, strukturlosen Zersatzabschnitten ist in der Regel zentimeterscharf. Die Korngrößenmaxima der Profilabschnitte unterscheiden sich deutlich (s. Tabellen). Die Entwicklung der Steinsohlen ist nach ROHDENBURG (1970b:83, 1983:406) als subaerisch anzusehen. Sie ist nicht auf subterrane Tätigkeit von Termiten oder Bodenfließen zurückzuführen. FAURE (1977: 19) spricht in diesem Fall von einer aufgearbeiteten Materialdecke.

Über Phyllit, der bei der Verwitterung ein dem Gelblehm der Hauptwasserscheide ähnliches Korngrößenspektrum und ähnliche Farben bildet, bereitet die Abgrenzung manchmal Schwierigkeiten. Hier waren die Steinlagen und vereinzelt eingearbeitete Strukturzersatzbruchstücke zur Bestimmung hilfreich.

Junge, von den Entwässerungslinien rückschneidende, gullyartige Formen räumen den umgelagerten Gelblehm aus. In breiten, muldenartigen Formen ist dagegen - wie bereits erwähnt - in den Endbereichen diese Schicht noch erhalten. Erst weiter unterhalb ist sie erneut umgelagert und Fremdmaterial eingemischt. Diese Abfolge gilt für das junge Pediment über allen Gesteinen außer dem im Bereich des herauspräparierten Metaquarzitzersatzes.

Die Bodenprofilausbildung variierend tritt über Gneis, Granit, Metaquarzit, Gneisglimmerschiefer und Amphibolit eine sandige, hangende, meist pisolitharme, aber primärmineralreiche Deckschicht dazu. Vor allem die Glimmerbruchstücke sind in ihr gut sichtbar. FÖLSTER (1983:4) weist dagegen darauf hin, daß in der Feuchtsavanne auch die Glimmer im oberflächennahen Zersatzabschnitt der Kaolinisierung unterworfen sind. Ausnahmen bilden nur Böden in Sedimenten, die ihren Mineralbestand vom Muttergestein übernommen haben. Diese Deckschicht wird ebenfalls bis 60 cm mächtig, ist aber häufig geringmächtiger. Sie nimmt das Gebiet des jungen Pedimentes ein, zieht aber auch die Hänge der jüngeren Eintiefungen herunter. Sie ist also als noch jüngere Bildung zu deuten. Nur im unmittelbaren Bereich von jungen Einschnitten tritt Zersatz an konvexen Hängen zutage.

Diese Feinmaterialdecken werden als Ablagerungen arider Phasen des jüngsten Pleistozän gedeutet.

Durch eine andere Niederschlagsverteilung als heute - seltenere Regen, aber erhöhte Intensität oder verkürzte Regenzeiten - lichtete sich wahrscheinlich die Vegetation auf (ROHDENBURG 1969, 1970b, 1983). Nachlassender Bodenschutz durch die Vegetation sowie abnehmende Bioaktivität verringern die Infiltrationskapazität und erhöhen den Oberflächenabfluß. Vegetationsreiche Ausgangsstadien werden von ROHDENBURG (1970b) als geomorphologische Stabilitätsphasen mit Bodenbildung angesehen, die beschriebene Situation dagegen als Aktivitätsphasen mit Pedimentation und ganz oder teilweisem Abtransport bzw. Umlagerung vorher gebildeter Böden. ROHDENBURG (1970a, 1970b, 1983), FÖLSTER (1969, 1983) und SEMMEL (1983, 1986b) nehmen im Quartär mehrere solcher Zyklen an. FAURE (1977:19) erwähnt auch diese Möglichkeit, stellt ihr allerdings eine rein biogene Genese der Deckschicht gegenüber.

Nach ROHDENBURG (1969) und FÖLSTER (1983) wären die weitverbreiteten Materialdecken als Umlagerungsprodukte einer auslaufenden Aktivitätszeit aufzufassen. Bei zunehmendem Vegetationsschluß und deshalb verringertem Oberflächenabfluß, konnte nur noch Feinmaterial transportiert werden. Steinsohlen wären dagegen in das Maximum einer Aktivitätsphase zu stellen (FÖLSTER 1983:12). FÖLSTER (1983:60) stellt die überwiegend sandige Deckschicht als jüngste Bildung mit 2000 a BP in die Phase A3α. Diese Phase war mit Ausräumung im Talbereich und Gully-Erosion verbunden (FÖLSTER 1983:17).

Über Phyllit ist die sandige Deckschicht nur geringmächtig und zudem auf die Unterhänge beschränkt. Die Steinsohle streicht an den Rändern der Eintiefungen in das junge Pediment aus, so daß der liegende Quarz- und Pisolithschutt im Phyllitgebiet an den Hängen direkt an die Oberfläche gelangt. Hangabwärts ist in solchen Lagen fast immer mit Zersatz zu rechnen.

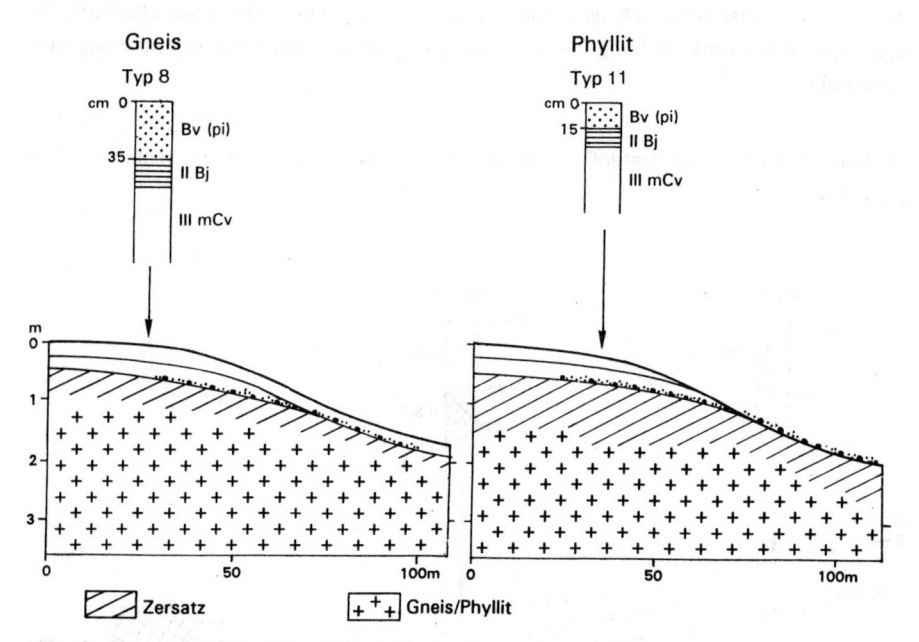

Abb. 9 Die unterschiedliche Entwicklung der sandigen Deckschicht über Gneis und Phyllit

Aufgrund der tonigen, geringe Infiltrationsraten aufweisenden Gelbplastosole ist der Oberflächenabfluß und damit die Denudation in diesem Gebiet erhöht. Ein weiterer Grund für die nur geringe Mächtigkeit der sandigen Deckschicht ist der sehr viel niedrigere Sandanteil des Phyllitzersatzes gegenüber dem Gneis- und Granitzersatz. Anthropogen ausgelöste Bodenerosion ist auszuschließen, da Ap-Horizonte in diesem

Gebiet weitgehend fehlen. Auch sind dort keine Reste alter Siedlungen anzutreffen, wie dies hin und wieder im Gneis/Granit-Gebiet der Fall ist. Selbst Aufschlüsse in Bachbetten zeigen unter eineinhalb bis zwei Meter Kolluvium eine Pisolith- und Quarzlage. Die Quarzbruchstücke sind dort recht groß. Wahrscheinlich wurden örtliche Gänge aufgearbeitet. Vielfach ist eine leichte Wellung dieser Schichten festzustellen. Ob es sich um rinnenförmige Zuflüsse oder durch Feinmaterialsortierung von Termiten erzeugte Formen handelt, war nicht zu klären. An der Basis der Deckschicht zur liegenden Schuttdecke bildete sich häufig ein 10-20 cm mächtiger Übergangshorizont.

Bodenart und Färbung zeigen deutlich die Durchmischung der beiden Schichten an. Diese Zone wird im weiteren als Bt-Horizont einer Phänoparabraunerde bezeichnet. Auch wenn bodengenetisch nicht klar ist, ob im Profil Tonverlagerung stattfand, ist doch die ökologische Wirkung dieser tonigeren Schicht durch diese Bezeichnung hervorzuheben.

Im Bereich abflußloser Tiefenlinien ist die überlagernde, sandige Deckschicht meist mächtiger.

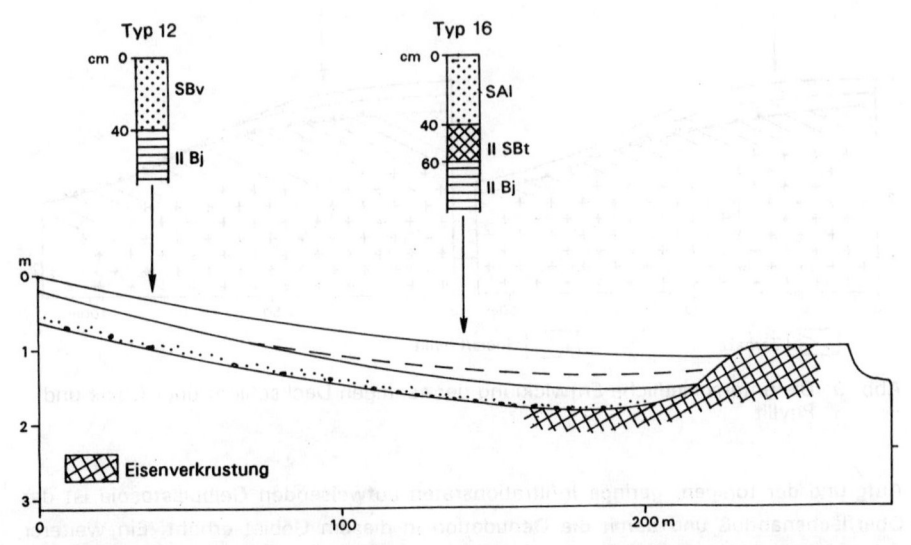

Die Ausbildung eines Durchmischungshorizontes im Bereich eines Unterhanges mit Unterhangkruste im Gneisgebiet

Abb. 10 Catena eines Unterhanges mit Kruste (Gneis)

5.2 Die Termitentätigkeit und sekundäre Einflüsse

Einige Autoren messen bei der Genese sowie der Verlagerung dieser Deckschicht dem Einfluß der Termiten große Bedeutung zu. Im Arbeitsgebiet sind dabei seltene Vorkommen von bis zu drei Metern hohen und etwa 10 Meter Basisdurchmesser aufweisenden, verlassenen Termitenhügeln (vgl. PULLAN 1979:270) von den häufig bewohnten, sehr viel kleineren Bauten zu unterscheiden. Einige der ersteren finden sich in den weniger stark genutzten südöstlichen Bereichen des Arbeitsgebietes. Da auch dort hin und wieder gebrannt wird, sind sie überwiegend grasbestanden. Nach PULLAN (1979:284) handelt es sich bei diesen Riesenformen wahrscheinlich um Bauten, die unter anderen Klimabedingungen entstanden. Sie sind in den von ihm untersuchten Gebieten ebenfalls häufig nicht bewohnt.

Weitverbreitet sind dagegen kleinere, nur etwa bis 50 cm große Hügel. Die Tiefe, aus der das Baumaterial entnommen wird, ist meist bereits an der Farbe der Hügel zu erkennen (vgl. NYE 1955:74). NYE (1955) nimmt die Untergrenze des Hauptarbeitsbereichs mit bis etwa 1,20 m an. PULLAN (1979) zitiert für die Großformen Untersuchungen, die Entnahmetiefen des Materials von 2 bis 12 m belegen. Der Materialbestand der Bauten weist häufig höhere Anteile kleinerer Korngrößen auf als der umgebende Boden (vgl. PULLAN 1979; NYE 1955; JOSENS 1983; LEE et al. 1971).

Überdachte, neuangelegte Termitarien zeigen unregelmäßige, zackige Formen (nach RUELLE in PULLAN 1979:278). Offensichtlich entstehen die normalen Formen in Wechselwirkung von Niederschlag, Abspülung und Bauaktivität. Es ist also bereits beim Bau mit Verlagerung von feinkörnigem Material zu rechnen. Nach NYE (1955: 75) beschränken sich die Termiten für den Hüllenbau auf Korngrößen bis 2 mm, wobei die Korngrößenzusammensetzung unter dieser Grenze die Verhältnisse im Unterboden zwischen 30 und 70 cm widerspiegelt. Bei Tonmangel wird von einer Unterart zerkleinerter Glimmer verbaut (LEE et al. 1971:120). Diese Unterart wird nicht aus Westafrika beschrieben. In einzelnen Materialproben der Bauten fiel jedoch der hohe Glimmergehalt auf. Für den Nestbau liegt das Maximum - wegen der nötigen Darmpassage - bei 0,5 mm; häufiger treten Feinsandkorngrößen auf.

Im Arbeitsgebiet liefern die Bauten über sandig verwitterndem Ausgangsgestein Korngrößen im Bereich von lS bis sL, über Phyllit dagegen s'L bis slU; über Phyllit ist infolge nur an den Unterhängen eine sandige, geringer mächtige Deckschicht entwikkelt.

Wo großflächig vorhanden, haben die Deckschichten meist Maxima im Mittelsand-

und Feinsandbereich. Der Gesteinszersatz weist überwiegend ähnliche Korngrößenverteilungen auf. Unterhalb vereinzelter Ausbisse quarzreicher Gesteinspartien ist allerdings festzustellen, daß der Grobsandanteil deutlich erhöht ist. Es fällt also schwer, den Materialtransport völlig auf Termiten zu beschränken. Andererseits ist es schwierig, für diese überlagernde Schicht ein entsprechend großes Zersatzliefergebiet anzuführen, zumal der Zersatz weiträumig durch den älteren, umgelagerten Gelblehm von der sandigen Deckschicht getrennt wird.

Im Gelände fällt auf, daß unzugängliche Krustenberge in der Regel viele Termitenhügel aufweisen, beweidete dagegen nicht. Mit PULLAN (1979:269) ist anzunehmen, daß die Viehherden auf solchen Flächen maßgeblich zur Zerstörung dieser Hügel beitragen. Das gilt besonders auch für die Flächen des jungen Pedimentes. Der Ackerbau tritt hier verstärkend hinzu. Auf dem jungen Pediment fällt es infolgedessen schwer, unbeeinflußte Referenzflächen zu finden. Die Termitentätigkeit unter anthropogen weniger gestörten Verhältnissen ist also höher einzuschätzen als die jetzige. FÖLSTER (1983:13) nimmt besonders für die ökologisch trockeneren Aktivitätsphasen stark erhöhte Termitentätigkeit an.

Ergänzend zu diesen Entstehungsmöglichkeiten der sandigen Deckschicht erwähnt WEISE (1970:76), daß partielle Auswaschung feinkörniger Bestandteile im Oberhangbereich dort zur Anreicherung gröberer Korngrößen führen kann (vgl. FÖLSTER 1983:21 und JONES & WILD 1975:52). LE COCQ (1986) und LEOW & SCHMITH (1981) untermauern diese Ansicht mit umfassenden Analysedaten.

Außerdem ist auch der Einfluß des Harmattan zu berücksichtigen. McTAINSH & WALKER (1982) maßen in Kano Schluffanteile der transportierten Korngrößen von über 50 %. Der Feinsandanteil der Proben lag unter 30 %. Außerhalb des Hauptwindstromes wurden in Ibadan, wie Tobré etwa 700 km von Kano entfernt, nur noch 25 % im fU- und mU-Bereich gemessen, dagegen 65 % im überwiegend aus Quarz bestehenden Tonbereich (McTAINSH & WALKER 1982:431). Da Tobré mit etwa 10° N im Hauptstrom liegt (KALU 1979), sind die prozentualen Korngrößenverteilungen zwischen denen der beiden Orte anzunehmen. Es ist also von einem geringen, wohl im Grammbereich/m² liegenden jährlichen Eintrag (vgl. McTAINSH & WALKER 1982:419) an feinkörnigem Fremdmaterial, überwiegend Quarz, auszugehen (s. FRIED 1983). In den ökologisch trockeneren Aktivitätsphasen kann der Harmattaneinfluß größer gewesen sein als heute.

In Verbindung mit Bodenkriechen in Folge extremer Vernässung sowie Schrumpfungs- und Quellungsvorgängen maßen LEWIS (1976) und YOUNG (1960) jährliche

Verlagerungsbeträge der oberen 10 cm im Zentimeterbereich. In größeren Tiefen wurden zwar auch Verlagerungen festgestellt, ihr Ausmaß ist aber geringer. Da die Hänge des Arbeitsgebietes sehr flach sind, könnten die Bewegungsbeträge noch unter diesen Werten liegen, sie sind aber nicht auszuschließen. FÖLSTER (1983: 12) nimmt dagegen an, daß die in Geländedepressionen zunehmende Deckschichtmächtigkeit bereits während der Bildung dieser Schicht zustande kam.

5.3 Die reliefabhängige Bodenvergesellschaftung

Die beschriebene großräumig verbreitete Ausbildung der Deckschicht des jungen Pedimentes und der Eintiefungen wird kleinräumig modifiziert (s. Karte 2). Die stark reliefabhängige Schichtmächtigkeit und die trotzdem recht homogene Materialzusammensetzung der Deckschicht - einmal als "eluvial"-Horizont einer Phänoparabraunerde (vgl. SEMMEL 1985:76), dann als Bv-Horizont einer Braunerde - machen das Wirken differenzierter bodengenetischer Prozesse in dieser Deckschicht unwahrscheinlich (SEMMEL 1985).

Für den im Liegenden auftretenden, umgelagerten Gelblehm gilt sinngemäß das gleiche. Sein Materialbestand geht wohl überwiegend auf eine frühere Bodenbildung zurück. Es ist möglich, daß die Böden der südlichen Hauptwasserscheide im Durchgriff der holozänen Verwitterung i. S. v. ROHDENBURG (1983:410) weitergebildet worden sind. Ob das auch für den teilweise strukturlosen Zersatz des jungen Pedimentes zutreffen könnte, kann nicht beantwortet werden. Es ist aber nicht auszuschließen.

Weitverbreitet liegt also eine aufgrund des Tongehaltes und des Gefüges relativ dichte Schicht unter einer sandigen Deckschicht. Dementsprechend haben bereits leichte Geländedepressionen erhöhten Wasserzuzug zur Folge. Mit zunehmender Entfernung zur Zwischenwasserscheide nimmt auch dieser Einfluß zu. Neben den auffälligen Auswirkungen der Petrovarianz führt also lediglich ein veränderter Wasserhaushalt zu typischen Modifikationen.

Den leichten Senken weiter in die Nähe des Vorfluters folgend, z. B. im Bereich der Unterhangkrusten, sammelt sich in den Geländedepressionen Kolluvium verschiedener Herkunft. Zersatz-, Boden- und Krustenmaterial liegt in wechselnder Zusammensetzung, häufig schwach pseudovergleyt, vor. Mit zunehmender Hangneigung, Vorfluternähe und Einzugsgebietsgröße werden diese pseudovergleyten Senken - falls keine stabilisierende Unterhangkruste unterlagert - zerschnitten. In der Regel beschränkt sich dieser Prozeß aber auf 10 bis 20 m, maximal 50 m Entfernung zum

Vorfluter. In nicht zerschnittenen leichten Senken fällt die schwache Pseudovergleyung durch den hier in der Regel mächtigeren Oberboden weniger ins Gewicht.

Auffällig ist, daß die asymmetrische Ausbildung der Teileinzugsgebiete mit unterschiedlichen Hanglängen auch größere Mächtigkeit der Deckschichten in den flachen Senken an den Unterhängen des jeweils längeren Hanges zur Folge hat. Auch diese Reliefabhängigkeit zeigt, daß diese Schicht recht jung sein muß.

Die Krusten des jungen Pedimentes und die Unterhangkrusten sind z. T. bis 20 cm von dieser Schicht überdeckt. Sie enthält dort sehr viele Pisolithe, etwa 20 - 30 %. In Nähe des in einer Rinne abgelagerten Restes aus Pedimentschutt ist der Pisolithgehalt der Deckschicht ebenfalls deutlich erhöht (vgl. FAUST 1991:51). NAHON (1986) geht davon aus, daß Krusten durch Lösung in situ zu Pisolithen bzw. Bruchstücken verwittern. Die Krusten zerfallen im Arbeitsgebiet aber überwiegend randlich. Teils lösen sich einzelne Bruchstücke, teils einzelne Pisolithe aus dem Verband. Leichte Kanten intakter Krustenreste entstehen auf diese Weise. Der Pisolithgehalt der Deckschicht nimmt mit zunehmender Entfernung zum Liefergebiet ab.

Die Situation um die Krustenberge ist anders. Die Kruste unterlagernd ist ein Rotlehm (Rotlatosol) entwickelt. Vom Hang des Krustenberges wurde Material verspült, das am Hangfuß wieder akkumuliert. So liegt umgelagertes pisolithhaltiges Material, häufig mit der sandigen Deckschicht durchmischt oder von ihr überlagert, über einem Plinthitrotlatosol, der in seinem unteren Profilabschnitt pisolithfrei ist. Wiederum unterlagernd folgt ein Gelblehm. Auf dem jungen Pediment ist er maximal 90 cm mächtig. Auf der Hauptwasserscheide zieht dieser dort bis zu 2 m mächtige Gelbplastosol über viele hundert Meter, z. T. bis zum nächsten Krustenberg durch (s. Karte 2).

Auf dem jungen Pediment treten dagegen vielfältige Abwandlungen auf. Es ist wohl davon auszugehen, daß der Gelblehm hier nur in unmittelbarer Nähe der Krustenbergreste in situ erhalten ist. Der festzustellende, sehr sanfte Anstieg zu den Krustenberg-Hangfüßen spricht dafür. Außerhalb dieser Bereiche wurde er entfernt bzw. umgelagert. Zu dem umgelagerten Bodenmaterial der Hauptwasserscheide kommt also noch solches der Altpedimentreste.

Die Interpretation der Bodengenese erschwerend treten hin und wieder massive, den umgelagerten Gelblehm des jungen Pedimentes unterlagernde Lateritkrusten auf. Sie liegen außerhalb der für die Pedimentschutt- oder Unterhangkrusten typischen Positionen. Hier könnte es sich nach SEMMEL (1986b:93) um durch Ausspülung des unterlagernden Materials abgesunkene, große Krustenbruchstücke des alten Pedimentes handeln. Es ist aber auch denkbar, daß randliche Bruchstücke des Pisolithpedimentschuttes unterspült und abgesenkt wurden. Diese Schollen sind weder im Luftbild noch im Gelände direkt sichtbar. Nur flächenhaftes Abbohren führt hier zum Erfolg. Diese Krusten liegen allerdings zumeist in über 80 cm Tiefe, so daß durch sie in der Regel keine Nutzungseinschränkung verursacht wird.

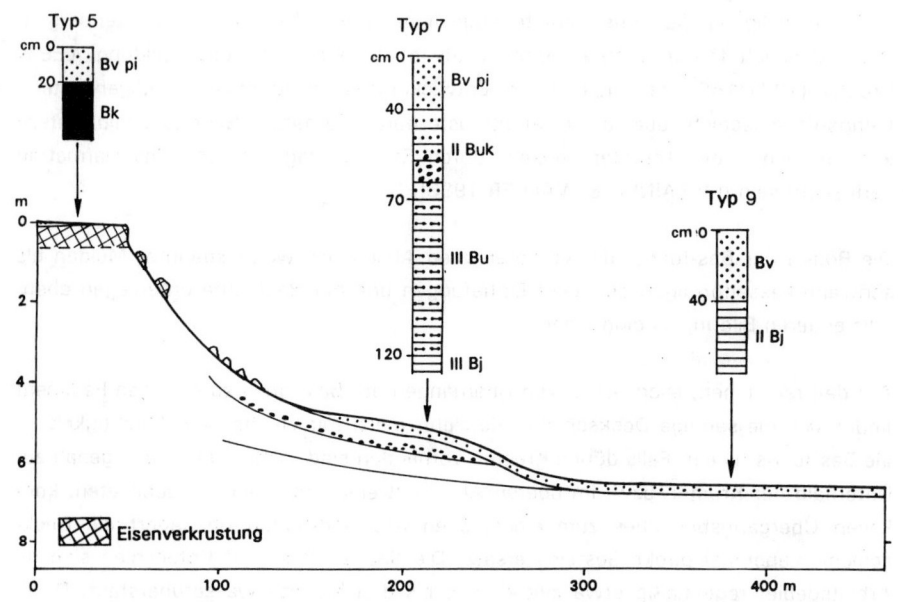

Abb. 11 Catena der einem Krustenberg auf dem jungen Pediment vorgelagerten Böden

Bei der Darstellung der Bodentypen werden diese Krusten, falls vorhanden und gefunden, berücksichtigt.

Umgelagertes Rotlehmmaterial findet sich ab und zu vor Unterhangkrusten akkumuliert. Es wurde von in Nähe der Entwässerungsbahnen gelegenen Krustenbergen verspült. Diese Böden werden z. T. zum Rand des Vorfluters hin von dünnen Pisolithkrusten überlagert. Letztlich überdeckt die sandige Deckschicht häufig dieses Material.

Für den Abtransport von Feinmaterial verantwortliche Spülrinnen sind in direkter Nähe zum Hangfuß der Krustenberge entwickelt. Es handelt sich um mit Pisolithen verfüllte, bis maximal 20 cm tiefe, nur in geringer Zahl ausgebildete Formen. Die

Feinmaterialanteile sind dort sehr gering. Diese Rinnen finden sich in der Regel nur in einem die Krustenberge umgebenden schmalen Saum, und dort nur in geringer Zahl. Vereinzelt, nahe dem Vorfluter, setzt sich eine Rinne mit entsprechender Pisolithfüllung auch einmal weiter fort.

Auf den Krustenbergen selbst sind mit ca. 20 cm geringmächtige Böden mit etwa 60 - 70 % Pisolithgehalt entwickelt. Eine weitgehend steinfreie, sandige Deckschicht fehlt. Auffällig ist die hohe Termitenhügeldichte auf unbeweideten Krustenbergen. Wahrscheinlich fördert starke Termitenaktivität auch hier die Bodenbildung. LEE & WOOD (1971:158) beschreiben die Entwicklung einer dünnen, sandigen, steinhaltigen Deckschicht über einer Lateritkruste durch Termiten. Geringe Schluffanteile können, neben der Termitentätigkeit, durch Staubeintrag während des Harmattan verursacht sein (McTAINSH & WALKER 1983).

Die Böden der Bas-fonds, der vorfluternahen Abschnitte weitgespannter Mulden bis schwach kesselförmiger, sonstiger Eintiefungen und der Bachläufe unterliegen ebenfalls anderen Bildungsbedingungen.

Auf den randlichen, leicht konvexen Übergängen der Bas-fonds zum jungen Pediment findet sich die sandige Deckschicht. Sie zieht, meist mit wachsender Mächtigkeit, in die Bas-fonds hinein. Falls dünne Krusten vorhanden sind, nimmt ihr Pisolithgehalt zu. Unterhalb der Krusten bzw. im oberen Abschnitt eines schwach ausgebildeten, konkaven Übergangsbereiches zum eigentlichen Bas-fond-Boden überlagert die Deckschicht manchmal direkt Gesteinszersatz. Die flachen Bas-fond-Tiefenlinien sind im Arbeitsgebiet regelmäßig etwa zweieinhalb bis drei Monate wasserüberstaut. Da in der Regel nur in Vorfluternähe Entwässerungsbahnen vorhanden sind, und die Basfonds zu dieser Zeit dichte Vegetation tragen, ist die Fließgeschwindigkeit sehr gering. Vom Wasser mitgeführtes Material setzt sich in tieferen Bas-fond-Bereichen ab. Kolluviale Überdeckungen bilden sich dort (vgl. RAUNET 1985). Dies trifft jedoch nicht auf alle Bas-fonds zu. Vor allem kleinere sind z. T. frei von Kolluvium.

Die saisonale Überstauung führt nach RAUNET (1985) bereits bei geringen Anteilen basischer Primärminerale zur Bildung von quellfähigen Tonmineralen, so daß dichte Stauhorizonte entstehen. Pseudovergleyte Parabraunerden und schließlich Pseudogleye - an den tiefsten Punkten kurz vor den Einschnitten - sind entwickelt.

Die Kolluvien setzen sich aus der Deckschicht, erneut umgelagertem Gelblehmmaterial, Zersatzmaterial aus dem Spülsaum (MÄCKEL 1985) und geringen Anteilen von Krustenbruchstücken zusammen. Im vorfluternahen Bereich ist vereinzelt durch die

Entwässerungslinien frisches Anstehendes oder Strukturzersatz freigelegt. Unterhalb nimmt dann der Zersatzanteil am Kolluvium stark zu. Der umgelagerte Zersatz ist locker und leicht zu bearbeiten (vgl. POSS & ROSSI 1987:29).

Mulden und kesselförmige Senken sind in Vorflutnähe, mit Einengung der Abflußmöglichkeit und größerem Einzugsgebiet bei nicht zu starker Hangneigung, auch häufig pseudovergleyt. Die Vorkommen sind aber viel kleinräumiger als in den Bas-fonds. Diese Böden sind ebenfalls kolluvial überdeckt.

In einige dieser Formen haben sich von der Vorflut aus meist nur ein bis drei Meter eingetiefte bis maximal 100 m breite Senken zurückgeschnitten. Hier liegt unter zersatzreichem Kolluvium direkt der Zersatz. Nur vereinzelt weist er noch Gesteinsstruktur auf. Trotzdem finden sich z. T. noch flache Schildinselberge. Es ist nicht auszuschließen, daß auch die unterlagernden Profilabschnitte umgelagert wurden. Nur randlich dieser Vorkommen ist durch die kolluviale Überdeckung noch eine Abgrenzung möglich. Diese "Ausbuchtungen" der ehemaligen Hochflutbetten gehen ohne Stufe oder Knick sanft in diese über.

Die Hochflutbetten selbst sind - wie bereits erwähnt - durch entsprechende Sedimente bzw. bei kleineren Formen wohl auch durch Kolluvien oder Mischprodukte verfüllt. Hier finden sich neben dünnen Lagen verhärteter Pisolithe auch weichere Konkretionen. Letztere sind über einen größeren Schwankungsbereich in den Profilen verteilt. Sie sind als jüngere Bildungen im Grundwasserschwankungsbereich anzusehen. Die ebenfalls in diesem Bereich liegenden harten Pisolithe sind dagegen ältere allochthone Bildungen. Absolute und relative Akkumulation wirkten zusammen. Die Unterhangkrusten könnten auf ähnliche Weise - in Verbindung mit residualer Anreicherung - entstanden sein.

Besonders die Aue des westlichen Hauptvorfluters weist kleinräumige, reliefabhängige Differenzierungen der Bodenausbildung auf.

Der eingetiefte, mäandrierende Bachlauf wird von einem Uferwall begleitet (s. BEHRMANN 1915). Hier ist ein schwach pseudovergleytes Kolluvium entwickelt. An diesen Wall anschließend finden sich tieferliegende Becken, in denen nach Überflutungen ebenfalls Material abgesetzt wird. Diese Senken sind in der Regel nicht abflußlos. Vielmehr nehmen sie bei Hochwässern einen Großteil des Abflusses auf. Sie führen ihn flußabwärts wieder dem Hauptfluß zu (vgl. SEMMEL 1963:180). An diesen Stellen ist der Damm durchschnitten. Teilweise liegen die unteren Abschnitte dieser Formen - noch durch den Damm getrennt - bei Hochwasser bereits tiefer als der Hauptfluß. Dies führt dort häufig zu verzögertem Abfluß und zum Teil zu mehrere Tage anhaltenden Überschwemmungen.

Ausschlaggebend für diese Verhältnisse dürfte das von BEHRMANN (1915:464) beschriebene Nachstürzen der Uferwände an stark durchfeuchteten Stellen bei Niedrigwasser sein. Dessen Niveau stellt die eigentliche Erosionsbasis dar. Aufgrund der tieferen Reliefposition handelt es sich hier überwiegend um Gleye.

Mit weiterem Anstieg zu den Rändern des breiten Tales nimmt der Grundwassereinfluß ab. Pseudogley-Gleye gehen letztlich in pseudovergleyte Parabraunerden mit entsprechender sandiger Deckschicht über. Wo die nahe randliche Unterhangkruste durchbrochen ist, finden sich, wenn auch nur selten, kleine Schwemmfächer mit trockeneren Varianten der umgebenden Böden.

Die wirklich als Vertisole anzusprechenden Böden des Arbeitsgebietes sind an abflußlose Randsenken vor den Uferdämmen in Verbindung mit Mündungsbereichen der Tributäre 1. Ordnung gebunden. Es handelt sich also durchweg um topogene Vertisole (D'HOORE 1964). Sie sind im Unterboden während der Regenzeit vergleyt (vgl. FAUST 1989).

Allerdings finden sich ähnliche Böden, die aufgrund des wenig ausgeprägten Gefüges und geringerer Tongehalte als Kolluvien anzusprechen sind, auch unterhalb der Arbeitskante des jungen Pedimentes zur "Rumpffläche". Das Material zeigt nur Schrumpfungsrisse im Millimeterbereich bei Entwicklungstiefen bis 10 cm. Sie liegen im Zentrum von vielleicht als Initialstadien von Bas-fonds anzusehenden Hohlformen. Sie werden aber durch weit zurückgreifende, etwa 1,5 m tiefe, kastenförmige Gullies rasch entwässert.

Das Material enthält viele Primärminerale. Es überlagert bis 80 cm mächtige Pisolithschüttungen. Diese stammen wahrscheinlich aus den zerschnittenen Muldentalzentren der Hauptwasserscheide.

Es ist möglich, daß nach Abtransport der Pisolithe der freigelegte Zersatz aus höheren Geländepartien hier akkumuliert wurde. Dies wäre auch in der Aue des Hauptvorfluters durch Materialzuführung der Tributäre denkbar. Alleine die Drainageunterschiede und damit das Abführen bzw. Verbleiben der Lösungsfracht wären dann für die verschiedene Entwicklung der Böden verantwortlich (vgl. SEMMEL 1986b:106). Vor allem die Tonmineralneubildung wird wohl dadurch modifiziert.

5.4 Die Beschreibung der Bodeneinheiten

Ergänzend zur Legende der Bodenkarte (s. Karte 2) werden im folgenden die Bodeneinheiten vorgestellt. Zum Teil mußten zwei Bodentypen zu einer Bodengesellschaft zusammengefaßt werden. Dies war immer dann der Fall, wenn einer der beiden nur sehr kleinräumig auftritt. Da die Bodenkarte bereits vielfältige Schraffuren enthält, ist die weiter untergliederte Darstellung aus Gründen der Übersichtlichkeit unzweckmäßig. Andererseits war es bei entsprechend großräumigen Vorkommen möglich, innerhalb eines Bodentypes weiter zu differenzieren.

Von allen beschriebenen Hauptbodentypen wurden in Schürfgruben komplette Profile nach AG BODENKUNDE (1982) aufgenommen. Berücksichtigt wurden, neben Horizontierung, Bodenart und Gefüge, der Verfestigungsgrad (Tab. 30) und der Steingehalt (Abb. 6) in %/Flächenanteil. Die Bodenartansprache im Gelände mittels Fingerprobe ergab häufig etwas zu grobe Bodenarten. Dies kann durch die Bildung von Pseudosand oder -schluff (JONES & WILD 1975:53) bedingt sein.

Intensität und Tiefe der Durchwurzelung (W/Tab. 37) pro dm^2 wurden ebenfalls erfaßt. Anschließend konnte die nutzbare Feldkapazität des Wurzelraumes (nFKWe) für die Standardprofile nach Kartieranleitung (Tab. 43, 44 und 45) errechnet werden. Die Angabe der nFKWe erfolgt in mm/Wassersäule pro dm^2 Grundfläche. Zu berücksichtigen ist hier, daß bei einigen Profilen Feingefüge in Verbindung mit Grobgefügen vorliegen, die in den gemäßigten Breiten in der Regel nicht gemeinsam auftreten. Diese Gefüge finden in den Tabellen der AG BODENKUNDE (1982) - die in den gemäßigten Breiten abgeleitet wurden - keine Entsprechung (vgl. RENGER 1971). Wegen der häufig nur sehr geringen Schrumpfung der Böden und daraus resultierenden geringen Rißbreiten, selbst bei höheren Tongehalten, und häufig nahezu geschlossener Lagerungsart auch grober Aggregate, fällt deren Ausbildung als Drainageweg kaum ins Gewicht (AVENARD & MICHEL 1985:80).

Wenn nur der Steingehalt als unterscheidendes Kriterium innerhalb eines Bodentypes herangezogen wird, werden die Profile nicht beschrieben. Der Steingehalt wird aber bei der Berechnung der nFKWe des entsprechenden Bodens berücksichtigt.

An horizontweise entnommenen Bodenproben konnten bodenchemische und physikalische Analysen durchgeführt werden. Folgende Methoden wurden angewandt:

- Bodenfarbenbestimmung nach Munsell Soil Color Charts (1971) an lufttrockenen Proben.

- Korngrößenbestimmung: Dispergierung der Proben mit 0,4 N $Na_4P_2O_7$. Anschließend Naßsiebung bis 20µ nach DIN 19683. Bestimmung der Kornfraktion von 20µ bis 2µ mittels Pipettmethode nach KÖHN (DIN 19613).

- pH-Bestimmung: In 0,1 N KCl mittels Glaselektrode am Digitalmultimeter DIGI 610 E (WTW).

- % C-Bestimmung: Nasse Veraschung des organischen Materials. Quantitative kolorimetrische Bestimmung nach RIEHM & ULRICH. Gemessen im Spektralphotometer C21 (Bausch 6 Lomb).

- P_2O_5-, K_2O-Bestimmung (pflanzenverfügbar): Nach Calciumlaktat(CAL)-Methode (SCHÜLLER). P_2O_5-Messung im Spektralphotometer C21 (Bausch 6 Lomb). K_2O-Messung im AAS Perkin Elmer 2380.

- Feo-(amorph) Bestimmung: Nach DIN 19684, Teil 6 im AAS Perkin Elmer 2380.

- Fed-(kristallin und amorph) Bestimmung: Nach Mehra & Jackson im AAS Perkin Elmer 2380.

- % N-Bestimmung: Nach DIN 19684, Blatt 34, mit Aufschlußapparat Büchi 320.

- Austauschkapazitäts-Bestimmung: Nach MEHLICH DIN 19684, Teil 8, mittels Titration bei pH 8,1 (AKp) und bei pH 5,4 (AKe). Messung der austauschbaren Basen im AAS Perkin Elmer 2380.

Die bodenchemischen Kennwerte gehen in die FAO-Klassifizierung der Bodentypen (MÜLLER-HOHENSTEIN 1971) ein (s. Karte 2).

5.4.1 Die Profilbeschreibungen

Die Einheiten 1, 2, 5, 6, 22 und 23 untergliedern Festgestein und Krustentypen (ironstone), die z. T. von geringmächtigen Böden (acric Cambisols und ferric Cambisols) überdeckt werden. Den größten Flächenanteil nehmen dabei die Krustenberge des alten, höherliegenden Pedimentes ein. Auf den großen Resten haben sich in minimal eingetieften Dellen etwas feinmaterialreichere und höheren Humusgehalt aufweisende Formen der die Krustenberge teilweise überdeckenden Braunerde entwickelt.

Auf kleineren Krustenbergen entwickelte Braunerden sind in geringfügig höheren Bereichen eines Krustenberges, häufig in der Nähe von Steilstufen zu finden. Sie sind nur dort erhalten. Das geringe Einzugsgebiet und der deshalb stark eingeschränkte Oberflächenabfluß spielen hier wohl eine Rolle. Die anderen Bereiche sind meist bis auf die Eisenkruste freigelegt (s. Karte 1).

Die Braunerden über der Pedimentschuttkruste sind häufig mit kleinräumig (1-2 m Ø) in Krustendepressionen auftretenden, stark tonigen, bis 15 cm mächtigen Böden vergesellschaftet.

Tab. 1 Einheit 5: Pisolith-Braunerde

HORIZONT	TIEFE	ART	GEFÜGE	VF.	X	FARBE
Ah	5 cm	uS	sub f	2	2-5	2,5YR5/2
Bvpi	20 cm	l'S	sub sf	1-2	>60	10YR5/3
Bk	+					

pH (KCl)	T	S	V	HUMUS	N %	K_2O verf.	P_2O_5 verf.
4,2	1,2	0,75	64,6	2,37	0,12	3,7	0,06
4,5	1,2	0,14	11,4	1,10	0,06	2,7	0,04
Termiten	2,6	2,3	86,3			6,0	0,27

Durchwurzelung pro dm^2: W 6,6

Tab. 2 Einheit 6: Pisolithreiche Braunerde

HORIZONT	TIEFE	ART	GEFÜGE	VF.	X	FARBE
Ahpi	6 cm	l'S	kru f-sf	2-3	>50	2,5Y5/2
Bvpi	25 cm	lS	sub f	2	30-40	10YR5/3
Bk	+					

pH (KCl)	T	S	V	HUMUS	N %	K_2O verf.	P_2O_5 verf.
5,0	5,05	0,55	10,90	0,04	5,0		0,3
5,5	5,5	0,003	0,05	0,03	----		0,2

Durchwurzelung pro dm^2: W 5,4,4

Die hohen Steingehalte des IIBuk sind durch Lateritbruchstücke ähnelnde Partien hervorgerufen, die aber noch nicht richtig verhärtet sind. Sie sind z. T. mit der Hand zu zerbrechen.

Die Einheiten 7 bis 10, 12 und 13 untergliedern mächtigere Braunerden nach Substrat, Wasserhaushalt und Steingehalt (ferralic, gleyic, ferric Cambisols). Ein Großteil der Fläche über Gneis, Granit und Metaquarzit wird von ihnen eingenommen. Sie sind also überwiegend in der sandigen Deckschicht entwickelt. Kleinere Vorkommen sind an Metaquarzitzersatz gebunden. Einheit 7 ist nur in vorfluternahen Geländedepressionen über Phyllit anzutreffen, und hier nur am Fuß der längeren Hänge. Ihr Horizont mit plattigem Gefüge ist der einzige dieser Art im Arbeitsgebiet. Trittbelastung könnte hierbei eine Rolle spielen (s. Karte 1).

Bei diesen Böden spielen die Petrovarianz und der Pisolithgehalt die entscheidende Rolle, die nutzbaren Feldkapazitäten sind dementsprechend bei gleichen Volumina unterschiedlich.

Tab. 3 Einheit 13: Braunerde-Kolluvium

HORIZONT	TIEFE	ART	GEFÜGE	VF.	X	FARBE
Bhv	5 cm	sL	pla	4	----	10YR4/2
SMBv	25 cm	s'L	sub m	4	----	10YR5/2
IIBj	+					

Durchwurzelung pro dm^2: W 5,3,3

Tab. 4 Einheit 9: Braunerde aus sandiger Bedeckung

HORIZONT	TIEFE	ART	GEFÜGE	VF.	X	FARBE
Ah	6 cm	uS	schw.sub f	2-3	1-2	10YR5/3
Bv	30 cm	lS	schw.sub f	2	1-2	10YR5/4
IISBj1	50 cm	stL	Ris 1, pri g	2-3	2-5	10YR6/6
IISwBj2	+	stL	Ris 1, pri g sub m	2-3	>60	10YR6/6

Durchwurzelung pro dm^2: W 5,5,4,3,4,2

Vereinzelt waren Tonhäutchen auf den in einer basalen Lage über dem unterlagernden Zersatz aufliegenden Pisolithen und Quarzbruchstücken des IISwBj2 festzustellen.

Tab. 5 Einheit 12: Pseudovergleyte Braunerde

HORIZONT	TIEFE	ART	GEFÜGE	VF.	X	FARBE
Ap	15 cm	lS	kru f - sf	2-3	2-5	10YR4/2
SBv	40 cm	lS	schw.sub sf	2	5-10	10YR5/3
IlmCvSw	75 cm	sL	Ris 1, pri >50 sub sf	2	20-30	10YR6/3
IlmCvSd	+					

pH (KCl)	T	S	V	HUMUS	N %	K_2O verf.	P_2O_5 verf.
5,6	7,1	6,1	86,0	1,40	0,05	0,8	0,2
4,3	6,4	1,7	26,3	0,54	----	1,3	0,1
4,2	2,6	1,2	43,6	----	----	0,5	0,1

Durchwurzelung pro dm^2: W 5,5,4,3,2,2,2

Tab. 6 Einheit 7: Pisolith-Braunerde aus Hangschutt

HORIZONT	TIEFE	ART	GEFÜGE	VF.	X	FARBE
Ah	8 cm	u'S	kru f - sf	2	15-20	10YR4/2
Bvpi	40 cm	s-L	sub f - sf	2	20-30	7,5YR5/4
IIBuk	85 cm	stL	pol f	2-3	>60	5YR5/6
IIIBu	160 cm	lT	pol f	3	----	5YR5/6

pH (KCl)	T	S	V	HUMUS	N %	K_2O verf.	P_2O_5 verf.
5,8	7,8	7,1	90,5	2,14	0,09	7,2	0,41
5,4	2,3	1,4	63,5	0,70	0,03	5,5	0,11
5,5	23,2	2,9	12,4	----	----	6,5	0,09
5,6	6,5	2,6	40,1	----	----	5,7	0,04
Termiten	7,1	4,4	61,2			15,2	0,11

Durchwurzelung pro dm^2: W 6,5,5,5,3,3,3,3,2

Ab 160 cm liegt ein Gelblehm vor.

Tab. 7 Einheit 10: Braunerde aus Metaquarzitzersatz

HORIZONT	TIEFE	ART	GEFÜGE	VF.	X	FARBE
Ap	15 cm	sU	kru f	2-3	1-2	2,5Y5/2
Bv	35 cm	sU	sub f	2-3	1-2	10YR6/2
IIBj1	50 cm	slU	schw.pol f	3	30-40	2,5Y7/4
IIBj2	+	t'L	sub f	5	>50	10YR6/4

pH (KCl)	T	S	V	HUMUS	N %	K_2O verf.	P_2O_5 verf.
5,8	16,4	10,9	66,5	2,58	0,08	4,6	0,1
5,2	13,4	5,4	40,4	----	----	4,0	----
5,5	5,7	3,7	65,1	----	----	1,9	----
Termiten	30,3	29,8	98,3			13,3	0,5

Durchwurzelung pro dm^2: W 6,5,4,4,4

Der Steingehalt im IIBj1 entsteht durch eine Pisolithlage ab 45 cm. Die Untergliederung des Bj erfolgt überwiegend nach dem Steingehalt. Wo der IIBj2 an Mittel- und Unterhängen ausstreicht, nimmt der Pisolithgehalt regelmäßig stark zu. Im Bohrstock läßt sich diese Einheit aufgrund des Steingehaltes des IIBj2 auch auf den flachen Hängen gut abgrenzen.

Einheit 15 und Einheit 16 untergliedert Parabraunerden nach dem Wasserhaushalt (ferric, gleyic Luvisols). Pseudovergleyte Varianten finden sich in Bas-fonds. Sonst sind sie an Unterhänge bzw. sehr schwache Geländedepressionen gebunden und ebenfalls nur über Gneis, Granit und Metaquarzit zu finden. Die Korngrößenmaxima der Oberböden dieser Parabraunerden ähneln infolgedessen denen der Braunerden, zeigen also die gleiche Gesteinsabhängigkeit wie diese. Überleitend zur unterlagernden Schicht ist aber ein Mischhorizont entwickelt. Das Bodenprofil, und damit häufig auch der Durchwurzelungsbereich, ist mächtiger.

Nach unten nimmt der Pisolithgehalt zu. Eine zunehmend verhärtete Kruste liegt vor. Hier könnte es sich um eine abgesenkte Lateritkruste handeln, die zur Pseudovergleyung beiträgt.

Die Termiten sind hier offenbar wegen der Pseudovergleyung nicht in der Lage, tiefere Bodenhorizonte zu nutzen.

Tab. 8 Einheit 15: Parabraunerde

HORIZONT	TIEFE	ART	GEFÜGE	VF.	X	FARBE
Ap	10 cm	l'S	sub f	1-2	----	10YR4/3
Al	35 cm	l'S	sub f	2	----	10YR4/4
IIBt	50 cm	l-S	sub sf	2	----	7,5YR4/4
IIBu1	60 cm	stL	sub f	3	----	5YR4/4
IIBu2	+	sT	sub m	3	----	5YR4/4

pH (KCl)	T	S	V	HUMUS	N %	K_2O verf.	P_2O_5 verf.
6,3	8,2	4,4	54,4	0,99	0,05	3,5	0,09
5,8	15,5	2,1	18,6	0,47	0,02	3,7	0,16
5,3	15,9	2,1	13,6	----	----	5,2	----
5,2	28,3	3,8	13,5	----	----	9,7	0,07
5,3	10,9	3,6	33,4	----	----	6,2	0,09

Durchwurzelung pro dm^2: W 5,5,4,4,3,2,1,1

Ab 190 cm steht Zersatz an.

Tab. 9 Einheit 16: Pseudovergleyte Parabraunerde

HORIZONT	TIEFE	ART	GEFÜGE	VF.	X	FARBE
Ap	20 cm	u'S	kru f - sf	2	----	2,5YR6/2
SAl	40 cm	u'S	schw.sub f - sf	2	----	10YR6/3
IISBt	65 cm	l-S	sub f - sf	2	40	10YR7/4
IISdBj	+	stL	sub-pol	3	40	10YR7/4

pH (KCl)	T	S	V	HUMUS	N %	K_2O verf.	P_2O_5 verf.
5,6	6,9	3,9	56,4	1,32	0,05	4,7	0,41
5,3	3,0	1,0	33,3	0,36	----	3,2	0,11
4,7	3,8	1,3	34,5	----	----	3,7	0,53
4,9	4,0	3,0	74,7	----	----	5,7	0,23
Termiten	5,6	3,1	55,1			4,7	0,11

Durchwurzelung pro dm^2: W 5,5,4,3,2,2,2,1

Einheit 4 und Einheit 11 untergliedern Gelbplastosole nach ihrer Überdeckung (xanthic Ferralsols und acric Cambisols über xanthic Ferralsols). Sie sind hauptsächlich über Phyllit und Gneisglimmerschiefer entwickelt, nehmen also das Ost-Viertel des Blattes ein. Die Korngrößenmaxima der Gelbplastosole selbst liegen im Feinsand- und Grobschluff-Bereich. Die geringmächtige Überdeckung ist, vor allem über Phyllit, nur an Unterhängen vorhanden.

Tab. 10 Einheit 4: Umgelagerter Gelbplastosol

HORIZONT	TIEFE	ART	GEFÜGE	VF.	X	Farbe
Ah	6 cm	uIS	kru f-schw. sub f	3	1-2	10YR3/3
Bj	50 cm	u'T	sub f - m	2	1-2	10YR5/8
IImCvS	80 cm	uT	sub m	2	2-5	10YR6/6
IImCvSd	120 cm	u'T	pri g - m	3	----	10YR5/3

pH (KCl)	T	S	V	HUMUS	N %	K$_2$O verf.	P$_2$O$_5$ verf.
5,5	15,2	12,3	80,9	2,29	0,08	3,7	0,25
4,8	11,1	10,0	89,9	1,18	0,05	2,5	0,13
5,1	12,9	10,6	82,0	----	----	3,2	0,02
5,3	19,9	15,4	77,4	----	----	4,0	0,18
Termiten	24,2	18,7	77,2			31,2	0,27

Durchwurzelung pro dm^2: W 5,5,4,4,3,3,2,2

Tab. 11 Einheit 11: Geringmächtige quarz- und pisolithhaltige Braunerde

HORIZONT	TIEFE	ART	GEFÜGE	VF.	X	FARBE
Ah	6 cm	sL	kru f	2	2-5	10YR3/3
Bv	15 cm	usL	sub f	2	10	10YR6/4
IIBj	+					

Durchwurzelung pro dm^2: W 5,4

Der Bj wird vom IImCv durch eine Pisolith- und Quarzlage getrennt, die zum Teil sehr fest ist.

Einheit 3 beschreibt Plinthitrotlatosole (rohdic Ferralsols), die zumeist an die direkte Umgebung - nämlich die Unterhangbereiche - von Krustenbergen des alten Pedimentes gebunden sind. Zwei Schürfgruben in dieser Bodeneinheit waren selbst am Ende der Regenzeit trocken.

Tab. 12 Einheit 3: Plinthitrotlatosol

HORIZONT	TIEFE	ART	GEFÜGE	VF.	X	FARBE
Bu	60 cm	s-L	pol f	2	----	5YR5/6
IImCv	90 cm	stL	pol f	2	1-2	5YR5/6
IImCv	+		Struktur	+		

pH (KCl)	T	S	V	HUMUS	N %	K_2O verf.	P_2O_5 verf.
5,8	9,7	6,3	65,5	1,92	0,07	10,5	0,11
5,2	4,7	2,4	50,6	----	----	3,7	0,09
5,3	2,9	2,2	75,8	----	----	3,0	0,09
Termiten	7,6	4,5	59,4			6,0	0,27

Durchwurzelung pro dm^2: W 5,5,3,3,2,3,2,3

Tab. 13 Einheit 14: Braunerde-Pelosol

HORIZONT	TIEFE	ART	GEFÜGE	VF.	X	FARBE
Ah	4 cm	stL	sub-kru f	3	2-5	10YR3/2
BvP	40 cm	IT	Ris 2, pol m	3	2-5	10YR6/4
IIP	60 cm	IT	Ris 1, pri g	4	2-5	10YR5/3
mCv	+	IT	Struktur			10YR6/4

pH (KCl)	T	S	V	H			
UMUS	N %	K_2O verf.	P_2O_5 verf.				
6,2	34,6	29,6	85,6	2,96	0,07	13,9	1,73
5,0	38,8	32,1	82,6	1,32	0,04	4,8	----
5,1	38,7	33,7	87,1	1,22	0,04	4,3	----

Durchwurzelung pro dm^2: W 5,4,4,4,3,3

Einheit 14: Braunerde-Pelosole nehmen nur das kleine Gebiet des Hornblendeschiefer-Vorkommens ein, sind also flächenmäßig uninteressant. Ihre Umlagerungsprodukte finden sich aber z. T. in tieferen Geländepositionen wieder und verbessern dort die Nährstoffversorgung.

Der BvP wird vom IIP durch eine Pisolith- und Quarzsteinlage getrennt. Im IIP finden sich Amphibolitbruchstücke.

Einheit 17 beschreibt Vertisole, die ebenfalls nur extrem kleinräumig vorhanden sind. Sie sind auf den Auenbereich des westlichen Flußlaufes und hier auf Geländedepressionen beschränkt. Sie sind also nicht geogen, sondern topogen.

Tab. 14 Einheit 17: Vertisol

HORIZONT	TIEFE	ART	GEFÜGE	VF.	X	FARBE
Ah	6 cm	tL	kru f	1	----	10YR4/2
AhP	35 cm	utL	ris 4 pri > 50 sub f	4	----	10YR6/2
GoP	70 cm	utL	pri g	2-3	----	10YR6/2
Gr	+	s'L	sub m - f	2	----	10YR7/3

pH(KCl)	T	S	V	HUMUS	N %	K_2O verf.	P_2O_5 verf.
4,2	35,4	12,4	35,1	6,58	0,34	11,4	1,95
4,2	27,8	10,6	38,0	2,92	0,15	3,8	0,65
3,9	19,1	4,8	25,3	1,66	----	3,9	----
4,0	8,6	2,4	27,6	----	----	----	----

Durchwurzelung pro dm^2: W 5,4,3,2,2,2,1

Zum Aufnahmezeitpunkt war der Unterboden bereits etwas vernäßt, die Risse deshalb nicht mehr geöffnet. Bis 60 cm waren Trennflächen mit eingearbeitetem Oberflächenmaterial erkennbar.

Einheit 18 bis Einheit 21 sind Böden in Geländedepressionen bzw. Tiefenlinien (Fluvisols, Kolluvisols, Gleysol-Fluvisols und Planosol-Gleysols). Da Hang- und Tiefenlinientransport für das Kolluvium (Kolluvisol) gleichermaßen möglich sind, ist dessen Korngrößenzusammensetzung entsprechend weit. Lokale Besonderheiten in der Zusammensetzung hängen stark von seinem Ursprungsort ab. In Nähe der Krustenberge sind z. B. hohe Pisolithanteile häufig.

Auf diesen Böden mit stark schwankendem Grundwasserspiegel ist die Kultivierung sehr erschwert (vgl. ALLAN 1970:140).

In den Unterläufen nimmt die Kornsortierung zu, braune Aueböden (Fluvisols) mit Maxima im Feinsand-Bereich finden sich dort. In den großen Auen der Hauptvorfluter sind schließlich feinkörnige, tonig-lehmige Auenpseudogley-Gleye (Gleysol-Fluvisols) mit sehr viel ausgeglichenerem Wasserhaushalt als in den Böden der Oberläufe entwickelt. Deshalb finden sich hier auch vermehrt Felder.

Das große Vorkommen von Kolluvium im östlichen Blattbereich leitet direkt zu den Gleysol-Fluvisols über. Zum Teil sind hier am Rand extrem mäandrierender, wenig eingetiefter Abflußbahnen kleine Uferdämme entwickelt. Das Gebiet ist auch im Bereich des Kolluviums stark vernäßt. Die Pseudogleye (Planosol-Gleysols) nehmen eine Sonderstellung ein. Sie befinden sich in Dellen im Übergangsbereich des jungen, tiefliegenden Pedimentes zum Vorfluter und im Zentrum von Bas-fonds. Die Übergänge zu pseudovergleyten Parabraunerden sind z. T. fließend. Kolluviale Überdeckung dieser Böden ist die Regel.

Tab. 15 Einheit 18: Brauner Auenboden

HORIZONT	TIEFE	ART	GEFÜGE	VF.	X	FARBE
M	70 cm	lS	koh - schw.sub f	2	----	10YR5/3
IIGor	130 cm	sL	ris 1 pri > 50 sub m	2	----	10YR5/3

pH (KCl)	T	S	V	HUMUS	N %	K_2O verf.	P_2O_5 verf.
5,4	5,5	4,0	72,7	0,5	0,03	6,6	0,2
4,7	11,2	5,2	46,3	----	----	0,5	0,3

Durchwurzelung pro dm^2: W 5,4,4,3,3,3,4,4,3

3-4 cm mächtige humose Schichten finden sich bei 10 und 20 cm Profiltiefe. Auffällig ist die erhöhte Durchwurzelungsintensität an der Grenze M - IIGor.

Tab. 16 Einheit 20: Pseudogley

HORIZONT	TIEFE	ART	GEFÜGE	VF.	X	FARBE
AhM	5 cm	sU	schw.sub m	3	----	10YR5/1
BvSw	30 cm	lS	sub f - sf	2	----	2,5Y5/2
IISw	65 cm	stL	ris 1 pri >50 sub f - sf	2-3	2-5	10YR5/3
IISd	105 cm	stL	ris 1 pri >50 pol-sub f - sf	2-3	30	10YR7/3

pH (KCl)	T	S	V	HUMUS	N %	K_2O verf.	P_2O_5 verf.
4,0	8,7	2,2	25,7	1,7	0,07	4,4	0,3
4,3	4,4	1,4	32,5	0,5	0,03	7,5	0,17
5,1	8,1	4,1	50,4	----	----	4,3	----
5,3	9,3	5,8	62,3	----	----	4,4	----
Termiten	5,6	3,6	64,3				

Durchwurzelung pro dm^2: W 5,5,4,3,3,1

Der Steingehalt des IISw beschränkt sich auf die unteren 15 cm (bis 65 cm). Es handelt sich um Pisolithe. Die geringe kolluviale Überdeckung resultiert wohl aus der starken Nutzung dieser Senke als Wasserreservoir. Material wurde oberflächlich abgespült.

Die nutzbare Feldkapazität des Wurzelraumes ist neben der Profilmächtigkeit vor allem vom - die Aufnahmekapazität beschränkenden - Stein- bzw. Pisolithgehalt der Böden abhängig. Sie reicht von 25 mm/dm^2 bei pisolithreichen, 20 cm mächtigen acric Cambisols der Krusten des alten Pedimentes bis 194 mm/dm^2 der nahezu steinfreien bis 120 cm mächtigen Gleysol-Fluvisols (s. Karte 2). Letztere liegen noch dazu in Senken und sind deshalb auch nach Ende der Regenzeit noch vernäßt. Campementnahe Bodeneinschläge wurden noch bis Ende Januar zur Wasserentnahme von der örtlichen Bevölkerung aufgesucht. Die Werte sind also nur in Verbindung mit der jeweiligen Reliefposition zu interpretieren.

Beschränkend für die potentielle landwirtschaftliche Nutzung sind außerdem die Durchwurzelung behindernde Horizonte. Die Böden des alten Pedimentes sind ebenso wie die Braunerden über junger Kruste betroffen, häufig aber auch Plinthit-Rotlatosole, wenn der Plinthit geschlossen ausgebildet und ausreichend mächtig ist. Undurchdringliche Horizonte liegen bei den Braunerden in 20 - 30 cm Tiefe, bei den Rotlatosolen, falls vorhanden, in 50 - 70 cm (s. Karte 2). Diese Horizonte wirken z. T. auch wasserstauend, so daß während der Regenzeit wiederholt kurzfristig Sauerstoffmangel auftreten kann. Dies ist besonders bei großflächig ausgebildeten Krusten des alten Pedimentes der Fall.

Tab. 17 Einheit 19: Pseudogley-Gley

HORIZONT	TIEFE	ART	GEFÜGE	VF.	X	FARBE
Ap	25 cm	uL	kru m - f	3	----	10YR3/3
SwM	80 cm	s'L	sub m - f	2	----	10YR5/3
IISd	100 cm	l-S	sub m - f	3-4	----	10YR5/4
IIGo	+					

pH (KCl)	T	S	V	HUMUS	N %	K_2O verf.	P_2O_5 verf.
4,8	20,3	16,8	82,7	1,11	0,17	5,0	0,06
4,6	17,7	12,6	71,3	2,14	----	3,5	0,11
4,5	15,7	5,8	37,0	0,73	----	4,0	0,11

Durchwurzelung pro dm^2: W 6,5,5,3,3,3,3,2,2

Weiterhin ist zu berücksichtigen, daß über 70 % Steingehalte - selbst wenn keine Krusten ausgebildet sind - eine Durchwurzelung des betreffenden Horizontes nahezu ausschließen (vgl. STAHR 1979:132; SWOBODA 1989:41). Die Geländebefunde bestätigen dies bereits bei etwas geringeren Gehalten.

Die häufig höheren Verfestigungsgrade der Ah-Horizonte werden durch die in der Regel sehr starke bis extrem starke Durchwurzelung verursacht.

Die einheimischen Ackerbauern bedienen sich ebenfalls einer Bodenklassifizierung (vgl. FAUST 1987; MÜLLER-HAUDE 1991). Ausschlaggebend für die Bezeichnung sind der Wasserhaushalt, auffällige Farben oder die Bearbeitbarkeit einschränkende Faktoren. Die Namen der Böden sind hier nur als Anhaltspunkte zu verstehen. Hin und wieder konnte über die Schreibweise von seiten der befragten Bauern kein allgemeiner Konsens erreicht werden.

Folgende Böden wurden beschrieben:

- Gougou Prirou: Lateritkruste auf einem Hügel
- Gbanarou: ein harter, roter Boden
- Sara: eine sandige Schicht, die nicht sehr tief ist
- Sowa: ein sehr steinhaltiger (Pisolith-) Boden mit Sand
- Borou: ein toniger Boden unter sandiger Schicht, der Wasser hält
- Temyanou: ein weißer, sandiger Boden, der feucht ist (Auenboden)
- Temuoka: ein dunkler, für jeden Anbau geeigneter Boden (schweres Kolluvium)
- Yerou: ein überfluteter, (kolluvial) überdeckter Boden
- Darou Batume: sonstige Böden der Entwässerungsbahnen und Bas-fonds

5.4.2 Die Interpretation der Nährstoffgehalte

Im folgenden soll nur ein Überblick anhand typischer Bodenprofile über die Nährstoffsituation im Arbeitsgebiet gegeben werden. Die Interpretation der Nährstoffgehalte der Böden, vor allem die Übernahme von Nährstoffmangel-Grenzen, erfolgt in Hinsicht auf potentielle agrarische Nutzung ohne Düngereinsatz. Teilweise wirken sich die Nährstoffgehalte auch auf die aktuelle Nutzung aus.

Tab. 18 Grenzwerte einiger Nährstoffgehalte und der Austauschkapazität

Gehalte	P_2O_5 ppm	K_2O ppm	Basen (S)	Kak (T)	Basen (V)
sehr arm			2	5	15
arm	5	5 - 10	2 - 5	5 - 10	15 - 40
mittel	5 - 8	10 - 20	5 - 10	10 - 25	40 - 60
reich	8	20 - 40	10 - 15	25 - 40	60 - 90
sehr reich			15 - 25	40	90

Die Werte beziehen sich auf das verfügbare P_2O_5 und K_2O bzw. auf die potentielle Austauschkapazität an Kationen (T), die Summe der austauschbaren Basen (S) sowie dem Anteil der Basen an der Austauschkapazität (V) in mmol/100 g (MEMENTO DE L'AGRONOME 1984:80; vgl. auch SMYTH & MONTGOMERY 1962:67).

Die Nährstoffgehalte der Böden sind wie die Bodenentwicklung gesteinsabhängig. Es gibt allerdings einige auffällige Gemeinsamkeiten aller Böden des Gebietes. Der pH-Wert (KCL) der meisten Böden liegt in den Horizonten zwischen Ah und dem noch die Gesteinsstruktur aufweisenden Zersatz zwischen 5,2 und 5,8 (mittel sauer), nur die Böden auf Metaquarzit liegen mit 4,1 bis 4,5 (stark sauer) deutlich darunter.

Tab. 19 pH-Wert abhängige Grenzwerte des prozentualen Stickstoffgehaltes (Mémento de l'agronome 1984:82)

pH-Wert	% N	0,1	0,2	0,3	0,5	0,8	1,2
4,5-5,5					niedrig	mäßig	mittel
5,5-6,5				niedrig	mäßig	mittel	gut

Grund- oder Hangzugwasser beeinflußte Horizonte weisen wohl aufgrund der erhöhten Auswaschung überwiegend Werte um 4,1 bis 4,7 auf. Ah-Horizonte und Zersatzhorizonte erreichen pH 5,3 bis 6,3. Die pH-Werte sind also im untersten und obersten Abschnitt der Bodenprofile meist erhöht. Dasselbe gilt für die Basensättigung (vgl. JONES & WILD 1975:80). SCOTT (1962) fand in Ostafrika, daß die Basensättigung bis zu Niederschlagswerten um 1150 mm/a durch die "Wurzelpumpe" der Bäume und damit entsprechend nährstoffreichen Litteranfall erhöht wird. Erst bei höheren Niederschlägen dominiert die Auswaschung. Dies könnte auch im Arbeitsgebiet der Fall sein. Allerdings zeigt HOPKINS (1966), daß durch Brennen bis zu 75 % des Litter vernichtet werden können. Schlecht zugängliche Flächen müßten also den stärksten Anreicherungseffekt zeigen. Dies trifft z. T. auf Flächen des alten Pedimentes zu, die Bäume tragen, sobald die Kruste nicht geschlossen ist (vgl. Bodeneinheit Nr. 5).

Die Gehalte an verfügbarem P_2O_5 sind in allen Böden durchweg sehr gering und häufig im Mangel. K_2O ist dagegen, bis auf Böden aus Metaquarzit bzw. stark akkerbaulich genutzten Standorten, überall ausreichend vorhanden. Die Versorgung ist mittel, teilweise gut. Die potentiellen Austauschkapazitäten sind in Abhängigkeit der Dominanz von Kaolinit überwiegend schwach, seltener mittel. Letztere Werte finden sich größtenteils in den weniger stark verwitterten Gesteinszersatzzonen aller Gesteine außer dem Metaquarzitzersatz und dem Metaquarzit. In den Zersatzzonen des Gneis, Granits etc. sind wohl noch mehr illitische Tonminerale erhalten. Dementsprechend ist die Basenversorgung und die Basensättigung - damit auch der pH-Wert - erhöht (reich).

Da die Basensättigung vom pH-Wert abhängig ist, ist anzumerken, daß die effektiven Werte, gemessen in der effektiven Austauschkapazität, in stark sauren Horizonten nur etwa 50 % bis maximal 70 % der potentiellen Werte erreichen. Pisolithreiche Braunerde-Horizonte bzw. Krustenhorizonte liegen sogar bei nur 15 - 20 %. In den Horizonten der anderen, höhere pH-Werte aufweisenden Böden werden dagegen 95 % oder sogar die potentiellen Werte erreicht. Die Diskrepanz ergibt sich durch hohe Anteile an Al^{3+} und H^+ an der effektiven Austauschkapazität.

Etwas höhere Werte (sehr reich, etwa 20) finden sich aber auch in den Oberböden des periodisch überschwemmten Auenpseudogleys und des recht dichten, landwirtschaftlich wenig genutzten Gelblehmes (mittel, etwa 10). Bei jeder Überschwemmung des Auenpseudogleys wird dort frisch zugeführtes Material abgelagert. Dafür spricht auch der hohe Gehalt des Oberbodens an unverwitterten Primärmineralen (vgl. SMYTH & MONTGOMERY 1962), neben Quarz hauptsächlich Biotit und in Verbindung die höheren K_2O-Werte (50). Material der Zersatzzone wurde auf der Oberfläche abgelagert. Dieses System gilt auch für die Kolluvien in Dellen in der Nähe des Überganges vom jungen Pediment zur Entwässerungsbahn bzw. Stirn- und Tiefenbereiche der Bas-fonds.

Der Zersatz ist dort häufig angeschnitten, die Bodenfruchtbarkeit unterhalb dieser Stellen erhöht. Durch den völligen Abtransport des Zersatzes wird schließlich das anstehende Gestein freigelegt (s. Karte 2).

Hier muß auch der Einfluß der Termiten erwähnt werden. Sie reichern ebenfalls Nährstoffe im Material ihrer Bauten an, sind aber in ihrem Vorkommen nicht auf junge Einschnitte beschränkt. So liegt die Austauschkapazität und der Basengehalt des Hügelmaterials etwa um das Doppelte höher als die Werte der entsprechenden Böden (vgl. LEE & WOOD 1971:115), in Extremfällen bei 30 mmol/100 g Für K_2O und P_2O_5 liegt die Anreicherung, außer auf landwirtschaftlich genutzten Böden, sogar beim Vier- bis Fünffachen des dazugehörigen Bodens. Die Bauern wissen um den Nährstoffreichtum von Termitenhügeln. Vor der Einsaat werden sie zerstört und das Material etwas verteilt.

Die geringere Auswaschung einerseits und die fehlende landwirtschaftliche Nutzung andererseits machen die erhöhten Werte der Austauschkapazität und die mittlere Basensättigung der Gelblehme verständlich. Diese Böden werden also trotz relativ guter Nährstoffversorgung nicht im Hackbau bestellt. Aufgrund ihrer hohen Tongehalte sind sie am Beginn der Regenzeit für diese Anbauform zu hart.

Die Stickstoffgehalte sind auf bestellten Flächen meist mäßig bis niedrig. Sie stehen in Beziehung zum Humusgehalt der Böden und sind damit stark nutzungsabhängig. Der Anteil organischer Substanz ackerbaulich genutzter Böden liegt bei 1,3 bis 1,6 %. Auf weitgehend unbeeinflußten Standorten wie fôret claire werden dagegen Werte um 3,5 % erreicht. Entsprechend liegen die Stickstoffgehalte dort im mittleren bis guten Bereich. Die Humusdegradation ist also auf ackerbaulich genutzten Flächen schon recht fortgeschritten. Böden auf Metaquarzit und Rotlatosole haben von den ackerbaulich nutzbaren Böden die geringsten Austauschkapazitäten (überwiegend sehr arm).

Die Fe_d-Werte liegen für die sandige Deckschicht um 0,8 ± 0,5 % . Rotlatosole weisen Gehalte um 5 % auf, Gelbplastosole dagegen nur 3 %. Die Zersatzzonen erreichen 1,4 bis 1,9 %. Nur der eisendurchtränkte Metaquarzitzersatz weist 8 % auf. Die Aktivitätsgrade liegen für die Deckschicht zwischen 0,02 und 0,08. Pseudovergleyte Horizonte haben ein engeres Verhältnis um 0,2. Rotlatosole erreichen dagegen nur Werte um 0,006. Die Gelblehmwerte liegen um 0,007 bis 0,01. Zersatz liefert Werte zwischen 0,006 und 0,02.

6 Die Bodennutzung

Nach MARCHES TROPICAUX (1990:3668) werden in Benin nur etwa 20 % der Landfläche ackerbaulich genutzt. Die Region Péhunco gilt nicht als stark agrarisch strukturiertes Gebiet. Nach WILL in MEURER et al. (1991:227) lag der Anteil landwirtschaftlicher Nutzflächen und junger Brachen 1987 im Untersuchungsgebiet bei 16 %. Ältere Brachen und lichte Savannen bedeckten weitere 7 %. In der Provinz Atacora betrug die Bevölkerungsdichte nach STEINER (1982:256) 16 Einwohner pro km^2. Das Bevölkerungswachstum lag 1992 bei 3,5 %.

Traditionell ist Sorghum die Hauptanbaufrucht der Ackerbau betreibenden Bariba im nördlichen Benin und damit auch im Arbeitsgebiet (vgl. STEINER 1982:280). Rote und weiße Hirse wird hier überwiegend zur Subsistenz angebaut. Danach folgen Yams, Kolbenhirse und Mais, der aber teilweise, ebenso wie Erdnuß, als cash-crop betrachtet wird. Als reine cash-crop dominiert Baumwolle. Die Zuwachsraten des Baumwollanbaus sind hoch. Von 1982 bis 1985 hat sich die Anbaufläche im Distrikt Péhunco von 329 ha auf 1222 ha fast vervierfacht (MEURER et al. 1991:15). Diese Tendenz setzt sich weiter fort.

Ackerbauern (Bariba) und halbnomadisierende Viehhalter (Fulbe) leben im Arbeitsgebiet zusammen und nutzen die Savanne und ihre Böden gemeinsam. Das Nutzungsrecht des Bodens liegt bei den Bariba. Brachflächen sind meist nicht geschützt. Sie werden z. T. von den Herden der Fulbe - meist etwa 40-60 Tiere umfassend - beweidet. Die Fulbe betreiben eine extensive Rinderhaltung und haben seit 3-4 Generationen den Anbau von Hackfrüchten in ihr Betriebssystem integriert. Das landwirtschaftliche Betriebssystem der Bariba kann also als ungeregelte Feldgraswirtschaft angesprochen werden (RUTHENBERG & ANDREAE 1971:126).

6.1 Die Bodennutzung im Luftbild

Das Gebiet wird wiederum in vier Reliefeinheiten untergliedert:

- Der südliche Hauptwasserscheidenbereich,
- das alte hochliegende Pediment,
- das junge tiefliegende Pediment,
- junge Einschneidungen mit Bas-fonds.

Je nach Einwirkungsdauer der Verwitterung prägt sich der Gesteinseinfluß mehr (junges Pediment, junge Einschneidungen) oder weniger in den Böden durch.

Potentielle Nutzungsräume unterschiedlicher Naturraumausstattung können so bereits durch die geomorphologische Kartierung, auch in großräumigeren Gebieten, ausgegliedert werden (vgl. UNESCO et al. 1979:79; THOMAS 1969; SEMMEL 1986b). Falls die Landnutzung eng an die Böden gekoppelt ist, können außerdem über Nutzungsmuster Rückschlüsse auf die entsprechenden Böden gezogen werden (PULLAN 1969:149).

Mit Hilfe des FAO-Luftbildblockes (März 1986) wurde die Lage von Feldern, junger Brache, Fulbe-Campements und anthropogen bedingten Verspülungen in die geomorphologische Karte (Karte 1) übertragen. Strukturelemente der Luftbilder (DIETZ 1981), wie Wegenetz mit Fußwegen und Freiflächen, innerhalb und außerhalb der Siedlungen, bieten Hinweise auf erosionsgefährdete Bereiche. Diese verdichteten Flächen verursachen erhöhten Oberflächenabfluß, und dieser kann wiederum zur Gullybildung führen. Gullies sind deshalb eng an diese Strukturen, aber auch an Vorfluternähe gebunden. Außerdem fällt auf, daß besonders die leichte Depressionen und pseudovergleyte Unterböden aufweisenden Freiflächenabschnitte betroffen sind. Es müssen also mehrere Faktoren zusammentreffen, damit sich Gullies entwickeln (vgl. BAUER 1993). Außerdem sind Acker- und Brachflächen in Randlage zu Dellen und Bas-fonds, letztere besonders in vorfluterfernen Teilen, zu beachten.

Als Kriterium für die Ansprache einer Fläche als Acker oder Brache wurden neben der Textur als erstes Indiz häufig auftretende, sich im Grauton widerspiegelnde, rechteckige Begrenzungslinien herangezogen. Brachen wurden in Nähe von Fulbe-Campements auch ohne Linientextur als solche angesprochen; die Fulbe häufeln und pflügen nicht.

In oben erwähnten Randlagen können bevorzugt Verspülungen auftreten. Sie finden sich mit zunehmender Hangneigung, im Süden des Blattes, häufiger. Linientexturen (DIETZ 1981) in Ackerflächen, also Pflanzhügel oder Ackerfurchen, lösen sich im Verspülungsfall innerhalb der regelmäßigen Ackertextur unregelmäßig auf. Die Verspülungen sind jedoch überwiegend so kleinräumig, daß nur die hangabwärtige Begrenzung teilweise aufgelöst ist. Meist handelt es sich um unterschiedlich alte Brachestadien. Schwächerer oder stärkerer Kontrast der Linientextur bieten hier Anhaltspunkte für die Alterseinstufung.

Verspülungen sind im Regelfall auch an dunklen Grautönen zu erkennen. Falls durch Verspülungen transportiertes Material in Senken- oder Bas-fonds-Zentralbereichen akkumuliert wurde, erscheinen diese dunkelgrau bis schwarz. Es ist kaum möglich, zwischen Aschebestandteilen aus den Bränden der Trockenzeit und Humusanteilen der Oberböden zu unterscheiden. In wenigen Ausnahmefällen sind in Mulden Verspülungen festzustellen, die den helleren Mineralboden freilegen.

Im Luftbild nicht erkennbare Bereiche starker Viehtrittschäden kamen dazu. Sie ergänzen den Themenbereich anthropogen bedingter Nutzungsschäden.

Vorwiegend das junge Pediment wird von Ackerbauern wie Viehzüchtern für deren Belange stark genutzt. Hier ist es sinnvoll, diese Reliefeinheit weiter nach den vorherrschenden Bodentypen zu untergliedern. Es darf allerdings nicht übersehen werden, daß auch die ungenutzt erscheinenden Flächen anderer Einheiten ihre Funktion als Weide oder Jagdgebiete haben (vgl. BOSERUP 1965:14). Völlig ungenutzte Gebiete kommen kaum vor.

6.2 Die Bodennutzung aus bodenkundlicher Sicht

Die am intensivsten durch eng aneinandergrenzende Felder im Hackbau (Kniestielhacken) und Pflugbau von den Ackerbauern genutzten Flächen befinden sich auf Parabraunerden (Luvisols) in Dorfnähe. Ihre z. T. blassen, staubigen Oberböden sind durch langanhaltende Bearbeitung und Zerstörung des ehemaligen Gefüges entstanden (vgl. JONES & WILD 1975:53). Dies kann nach FAUCK (in GREENLAND & LAL 1977:191) wegen der Trennung von Ton und Sand durch splash die Ausbildung einer sandigen Deckschicht verstärken. Die anderen Böden auf Gneis, Granit und Metaquarzit werden ebenfalls, aber weniger intensiv, genutzt. Der Subsistenzanbau ist - im Gegensatz zu den cash-crops - an oft kleinräumig wechselnde Boden- und Reliefverhältnisse gut angepaßt.

Im Hackbau werden kleine Hügel als Saatbett angehäuft. Dies vertieft den Wurzelraum und erhöht die Bodendrainage der häufig dichtere Unterböden aufweisenden Profile (vgl. JONES & WILD 1975:45). Erleichtert wird dieses Vorgehen durch die sandige Deckschicht (vgl. ALLAN 1970:255; FAUST 1991:87; JONES & WILD 1975: 48; MÜLLER-HAUDE 1991:28). Sie ist auch im trockenen Zustand bearbeitbar. Mit Beginn der Regenzeit nehmen die sandigen Oberböden durch relativ hohe Infiltrationsraten rasch die Niederschläge auf (vgl. JONES & WILD 1975:56).

Große Gelblehm-Bereiche der Hauptwasserscheide bzw. über Phyllit werden dagegen von den Ackerbauern im Hackbau kaum genutzt. Diese Gebiete weisen keine oder nur eine geringmächtige, sandige Deckschicht auf. Nur kleine Sonderstandorte stellen eine Ausnahme dar.

Die im Hackbau bestellten Felder auf Gelblehm grenzen in der Regel an Krustenberge und die dort entwickelten Rotlatosole (rhodic Ferralsols) an. Da auch die Rotlatosole von Gelblehmen unterlagert sind, bildet sich über den dichteren Gelblehmen ein Interflow. Randlich der Krustenberge streichen die Rotlatosolvorkommen aus. Infolgedessen sind dort die Gelblehme stärker durchfeuchtet. JONES & WILD (1975:55) weisen außerdem darauf hin, daß mit höherem Tongehalt bereits bei halber Feldkapazität die Verhärtung stark zunimmt. Der stärker durchfeuchtete Übergangsbereich Gelblehm-Rotlatosol ist dagegen frühzeitig bearbeitbar. Dies gilt in besonderem Maß für den südlichen Hauptwasserscheidenbereich, da dort größere Rotlehmareale erhalten sind.

Die höhere Durchlässigkeit der Rotlatosole bedingt also eine bessere Wasserversorgung der ansonsten zu Beginn der Regenzeit für den Hackbau zu harten Gelblehme (vgl. JONES & WILD 1975:55).

Ein hoher Flächenanteil der Gelblehme ist deshalb frei von Feldern. Dies sind die noch relativ problemlos begehbaren Weidegebiete der Rinderhalter. Das Weideland ist also bereits auf schlecht zu kultivierende Böden begrenzt (vgl. ALLAN 1965:246). Über Phyllit ist Hackbau - außer auf die bereits erwähnten Standorte - auf kolluvial überdeckte, leicht bearbeitbare Böden in bachnahen Ausbuchtungen des alten Hochflutbettes bzw. auf Dellen beschränkt. Entlang der Pisten setzt sich aber auch auf den harten Gelblehmen der Pfluganbau durch. Allerdings hat nicht jeder Bauer sein eigenes, für diese Arbeit ausgebildetes Ochsengespann. In Auftragsarbeit werden von gespannbesitzenden Bauern Felder der Umgebung mitgepflügt.

Die erhöhte Zugkraft, in Verbindung mit den stählernen Pflugscharen, ermöglicht jetzt die Bearbeitung dieser Böden im noch recht trockenen Zustand und damit auch die frühere Einsaat auf der Fläche des jungen Pedimentes. Dadurch verlängert sich die zur Verfügung stehende Vegetationszeit (vgl. JONES & WILD 1975:212). So sind alle Felder im Ostteil des Blattes, direkt nördlich der Piste, mit dem Pflug bestellt worden. Für den Pflugeinsatz müssen die Felder genügend offen, also relativ frei von Bäumen und Stubben sein. Der erwähnte Wurzelpumpeneffekt der tiefwurzelnden Bäume fällt auf solchen Flächen mit Konsequenzen für die Bracheregeneration zukünftig weg.

Es werden bis zu 4 Hektar von einem Bariba bestellt (vgl. VOSS 1971:211). Dies ist bedeutsam, da im traditionellen Subsistenzhackbau die Arbeitskraft bei der Feldvorbereitung der begrenzende Faktor war (BOSERUP 1972:3; STEINER 1982:34).

Früher wurden durchschnittlich 1 Hektar von einem männlichen Mitglied der Familie im Hackbau bewirtschaftet. Begrenzend für die Feldgröße wirkt jetzt der Arbeitsbedarf für das Jäten und für die Ernte (vgl. STEINER 1982:165). Die ansteigende Einzelproduktivität erhöht also auch den Flächenbedarf.

Pflugbau geht in der Regel mit Baumwollanbau einher. Die Risikominimierung, als Hauptmotiv der Subsistenzwirtschaft, tritt durch den Anbau von cash-crops in den Hintergrund (vgl. JONES & WILD (1975:45).

Teilflächen des jungen Pedimentes werden also bereits intensiver genutzt, während andere noch im Hackbau bestellt werden. Auffällig ist, daß für den Pfluganbau bisher noch die bestgeeigneten, sehr flachen Teile des jungen Pedimentes gewählt werden. Dies zeigt, daß Pflugbau eine relativ neue Errungenschaft in diesem Gebiet ist (BOSERUP 1965:58). Tatsächlich sind die Eisenpflüge mit Pflugscharen aus Stahl vor etwa 12 Jahren von einer staatlichen Landwirtschaftsorganisation in Verbindung mit der Förderung des Baumwollanbau als cash-crop eingeführt worden.

Die Verteilung der Brachflächen ähnelt der der Äcker. Die stark genutzten, größtenteils ortsnah vorkommenden Parabraunerden weisen allerdings nur einen geringeren Bracheanteil auf. Stickstoff- und Humusgehalte sind mit 0,05 % N und etwa 1,3 % Humus entsprechend erniedrigt (s. o.). Die Dörfer selbst sind im Arbeitsgebiet auf z. T. geringmächtig überdeckten Krustenbereichen angelegt.

Fulbe-Campements sind dagegen um die Bas-fonds konzentriert. Diese Formen bilden sich nur über Gneis und Granit. Im Übergangsbereich der Bas-fonds zum jungen Pediment - in Nähe ihres permanenten Wohnsitzes - treiben die Fulbe häufig wenig aufwendigen Hackbau (vgl. MÄCKEL 1985:15; RUTHENBERG & ANDREAE 1971:127) für Mais und Hirse, ohne zu häufeln. Der Yamsanbau wird als Lohnarbeit an die Ackerbauern vergeben. Er verlangt die Anlage von Pflanzhügeln.

Schwach geneigte Hänge (> 2°) und besonders pseudovergleyte Dellen, werden noch außerhalb der durch Anpflocken der Tiere gedüngten Flächen bearbeitet. Der Interflow versorgt auch diese Bereiche mit Nährstoffen. Brachezeiten sind dank des als langsam fließende Nährstoffquelle wirkenden Rinderdungs (ALLAN 1970:256) in Verbindung mit schnell verfügbarer Jauche nicht nötig. Dem Boden wird über den Dung auch organisches Material zugeführt. Die Pflockung der Tiere wird an solchen, durch das Wasserangebot sehr günstigen Standorten jährlich wiederholt.

Über das ganze Arbeitsgebiet verteilt finden sich Trittschäden um ausgekolkte, etwas eingeschnittene Bachanfänge. Die Vegetation ist dort völlig entfernt. Randlich kommen Weideunkräuter vor. Diese Übertiefungen bieten nach den ersten ergiebigen Regenfällen zusätzlich zu den Barragen Tränkemöglichkeiten. Die beim Tränken entstehenden Trittschäden beschränken sich auf nicht zu steil eingeschnittene, zugängliche Bachanfänge. Dort ist dann mit einer rascheren Rückverlegung der Oberläufe zu rechnen (vgl. ZEESE 1983:227). Bevorzugte Bach-Übertriebsstellen weisen ebenfalls starke Trittschäden auf.

Einigermaßen zugängliche Krustenberge des alten Pedimentes werden beweidet. Das ist besonders dann der Fall, wenn das Altflächenrelief von Tiefenlinien entwässert wird. Dies hat die Zerschneidung des Hanges zum jungen Pediment zur Folge. Der Zugang wird dadurch erleichtert.

6.3 Interviews zur Bodennutzung

Ergänzend zu den flächenbezogenen Analysen des Agrarraumes im Arbeitsgebiet wurden qualitative, und zwar problemzentrierte Interviews (WITZEL 1982) durchgeführt. Dabei handelte es sich um ein offenes, nicht standardisiertes Gespräch, dem jedoch ein Leitfaden zugrunde lag.

Die Voraussetzung zu dessen Formulierung bot der bereits erarbeitete Wissenshintergrund der Erosions- und Bodennutzungsproblematik in diesem Raum. Der Hauptschwerpunkt lag im Bemühen um inhaltliches Verstehen der Motivation und Handlungsweisen der jeweiligen Gesprächspartner. Der Interviewleitfaden wurde dabei als Gedächtnisstütze angesehen. Außerdem konnte so ein etwa vergleichbares Herangehen an die Problematik erreicht werden. Folgende Stichpunkte waren aufgeführt:

- Die Grenzen des Hoheitsbereiches des jeweiligen Chef de terre,
- Gibt es hier ackerbaulich unterschiedlich gut nutzbare Gebiete?
- Wie gestalten sich die Anbauzyklen?
- Gibt es Gründe, die Anbauzyklen zu unterbrechen?
- Gibt es hier Bodenabtrag?
- Was macht man mit solchen Flächen?

Die Auswahl der Gesprächspartner erfolgte der thematischen Problematik entsprechend. Drei Chefs de terre wurden interviewt, außerdem 10 Bauern, die Felder im Arbeitsgebiet bewirtschaften. Es wurde darauf geachtet, bereits bekannte Personen anzusprechen.

Häufig waren mehrere Personen anwesend. Dann entstanden in der Regel Diskussionen untereinander, welche die Interviewsituation völlig vergessen ließen. Die größte Einschränkung war in solchen Fällen die begrenzte Kapazität des Übersetzers. Die Auswertung fand sofort anschließend an die Gespräche zusammen mit dem Übersetzer stichpunktartig statt. Im folgenden werden kurz die grundlegenden Erkenntnisse beschrieben.

Die Verteilung des Bodens erfolgt im traditionellen, kommunalen Nutzungssystem durch den chef de terre der größeren Dörfer oder Siedlungen. Er ist der Älteste aus der Familie der Erstbesiedler. Der jeweilige Einflußbereich wird gegenüber den Nachbargebieten durch leicht erkennbare Formen des Naturraumes abgegrenzt. In der Regel handelt es sich um größere Entwässerungslinien.

Im Luftbild erkennbare Verspülungen, die durch Hack- oder Ackerbau, aber auch durch Überweidung verursacht wurden, sind - wie bereits erwähnt - auf überwiegend von den Ackerbauern genutzte Unterhänge und bachnahe Bereiche begrenzt. Diese Standorte garantieren auch in trockenen Jahren, wegen der höheren Bodenfeuchte, sichere Ernten. Sie werden bestellt, um das Risiko eines totalen Ernteausfalles zu minimieren. Erosionsschutzansätze gibt es dort nicht. Häufig wird darauf hingewiesen, "daß so etwas noch nie jemand auf den Feldern gemacht hätte". Anders ist es in den Siedlungen, wo z. T. Grabenentwässerung zum Schutz der Häuser durchgeführt wird.

Auffällig ist, daß gerade von den gut informierten Chefs de terre Erosionsschutzmaßnahmen aus dem Repertoire des in diesem Raum arbeitenden FAO-Erosionsschutzprojektes angeführt werden. Auf Nachfrage, wer mit diesen Maßnahmen begonnen hätte, wird aber bestätigt, daß dies nur Bauern, die mit den Weißen zusammenarbeiten, seien. Diese Maßnahmen "seien eben jetzt neu". Danach gefragt, ob es Bodenabtrag in ihrem Hoheitsbereich gibt, übertreiben die bereits massiv mit Projekten in Berührung gekommenen Chefs de terre (Kika, Péhunco) deutlich.

In Tobré wird dagegen darauf hingewiesen, daß es wichtigere Probleme gäbe. Diese Auskunft bestätigte sich im nachhinein auch für Kika und Péhunco.

Nach etwa vierjähriger Nutzung erniedrigen wurzelparasitäre Ackerunkräuter die Erträge von Mais und Hirse so stark, daß Brachezeiten eingeschoben werden müssen. Besonders die mit nachlassender Bodenfruchtbarkeit aufkommende Pflanze *Striga hermonthica* wird hier genannt. Alle nutzbaren Böden sind davon betroffen, gedüngte (ehemals Baumwolle, z. T. Erdnuß), aber naturgemäß weniger stark als ungedüngte.

Zu *Striga hermonthica* ist zu erwähnen, daß z. B. Baumwoll- und Erdnußwurzeln die Keimung durch Ausscheidungen stimulieren, aber weitgehend tolerant gegen Befall sind (ANDREWS 1947:267). Ihre Erträge sind nur leicht verringert. Die Wirtsfunktion dieser Pflanzen ist nicht ausreichend. *Striga hermonthica* kann deshalb nicht zum Blühen und damit nicht zur Samenbildung kommen. Der für diese cash-crops obligatorische Düngereintrag verzögert die Ausbreitung durch die erhöhte Vitalität der Kulturen ebenfalls. Diese Pflanzen sind wegen der langen Keimfähigkeit der in großer Zahl im Boden enthaltenen Samen aber keine dauerhafte Lösung gegen diesen Wurzelparasit. Da *Striga hermonthica* auf allen ackerbaulich genutzten Böden vorkommt, ist sie also dort bereits vorhanden und setzt sich mit abfallender Bodenfruchtbarkeit durch. Deutlich längere Brachezeiten wären auch aus diesem Grunde nötig.

Die kurze Brache liegt bei 3 bis 4 Jahren, die lange bei 7. Beide Zeiträume sind zu kurz, um die Bodenfruchtbarkeit wieder herzustellen. Meist ist nur eine Grasbrache entwickelt. 10 - 12 Jahre Brache mit größerem Gehölzanteil müßten dafür eingehalten werden (JONES & WILD 1975:129). Außerdem wird in der Brachephase teilweise Maniok, der noch auf nährstoffarmen Böden gedeiht, angebaut. Im 3. Brachejahr wird er geerntet.

Das vorrangige Anliegen der Bauern ist es, die Krankheiten und Unkräuter der Kultivierungsphase zu unterdrücken (vgl. JONES & WILD 1975:126). Zur Feldaufgabe führt letztlich, daß der Zeit- oder Geldbedarf für das Jäten der Kulturen größer wird als der Arbeitsaufwand, um eine ältere Brache wieder unter Kultur zu nehmen (vgl. STEINER 1982:165). *Striga hermonthica* kann auf alten Feldern größere Biomassen erreichen als die eigentliche Kultur (DELASSUS 1972:250). Das Jäten muß von Baumwollbauern häufig in Lohnarbeit pro Furche bezahlt werden. Neue Felder werden zweimal, alte dreimal, meist durch Kinder und Jugendliche, gejätet. Was darüber hinaus geht, ist finanziell meist nicht mehr tragbar.

Ackerbaulich nutzbare Flächen in Dorfnähe werden mitunter nicht unter Kultur genommen. Einerseits weil diese Stellen - wie sich im Gelände bestätigte - vereinzelt bereits degradiert sind, überwiegend aber wegen der die Kulturen schädigenden kleinen Wiederkäuer (Ziegen, Schafe), deren Haltung vom Viehzuchtprojekt gefördert wird. Außer Tabak wird nur in umzäunten, kleineren Arealen angebaut. Diese Flächen werden, wenn immer möglich, mit Haushaltsabfällen gedüngt.

Die Felder der Bauern befinden sich in diesem kommunalen System meist nicht in Privatbesitz. Stark geschädigte Flächen werden deshalb schnell aufgegeben, solange noch genügend Ausweichmöglichkeiten vorhanden sind. Erträge dieser erosionsgefährdeten Unterhangbereiche fallen außerdem nur in Trockenjahren mengenmäßig ins Gewicht.

Dies sind dem Interesse am Erosionsschutz entgegenwirkende Faktoren. Dazu kommt, daß die Anlage isohypsenparalleler Furchen bzw. Pflanzreihen gerade auf den erosionsgefährdeten Unterhängen nach Starkregenereignissen gut sichtbare Schäden zur Folge haben kann (vgl. WEIZENBERG 1973:176). Dies führt zu einem gewissen Gesichtsverlust des momentanen Besitzers bezüglich seiner ackerbaulichen Fähigkeiten und ist von diesem natürlich unerwünscht. Im Hackbau sind die Erosionsschäden in der Regel weniger deutlich sichtbar.

Wenn überhaupt, dann besteht nur während der Vegetationszeit ein gewisses Interesse an Erosionsschutz. Die Akzeptanz von Erosionsschutzmaßnahmen ist also eher gering, auch weil sich schwerwiegende Schäden im Arbeitsgebiet noch nicht finden. Die wurzelparasitäre Pflanze *Striga hermonthica* ist für die Bauern das drängendere Problem.

Da einmal eingetretene Erosionsschäden in der Regel irreversibel sind, gilt es trotzdem, gerade in noch wenig geschädigten Gebieten präventive Maßnahmen zum Bodenschutz einzuleiten (BREBURDA 1983:77).

6.4 Nutzungskonkurrenzen

Nutzungskonkurrenzen zwischen Ackerbauern und Viehzüchtern konzentrieren sich auf das junge Pediment. Die besten Böden in der Nährstoff- wie der Wasserversorgung werden hier von den Ackerbauern, meist zum Baumwollanbau, genutzt.

Die Fulbe sind auf primär ärmere Standorte angewiesen, die ihnen vom Chef de terre zugewiesen werden. Das Pflocken der Tiere und der dadurch punktuell eingetragene Dung verbessern die Bodenqualität erheblich. In Verbindung mit im Herbst und Winter stattfindenden Rückstandsbeweidungen auf den Feldern der Ackerbauern führt dies zur Nährstoffkonzentration auf den betroffenen Flächen der Fulbe. Brachezeiten sind dort nicht nötig. Die naturräumliche Benachteiligung wird in diesem Bereich also mehr als ausgeglichen, den Feldern der Ackerbauern potentielle Nährstoffe entzogen. Diese Form der Düngung findet sich allerdings nur auf campementnahen Flächen.

Die Fulbe jäten ihre Kulturen in der Regel nur sehr eingeschränkt. Es handelt sich also trotz des z. T. durchgeführten Dauerfeldbaus um kein intensives Bodennutzungssystem. Vielmehr wird die Feldvorbereitung und die Pflege auf ein Minimum begrenzt (vgl. ALLAN 1965:251).

Weidegebiete verringern sich durch die Ausbreitung des Pflugbaus auch auf ehemals ackerbaulich ungenutzte Flächen immer weiter. Ackerbauliche Nutzung der Bas-fonds (außerhalb des Arbeitsgebietes) schränkt die Weidegebiete weiter ein. Die Nutzungskarte zeigt deutlich, wie hoch bereits 1986 der Feldanteil im Bereich des Untersuchungsgebietes war, und wie schwierig infolgedessen die Weidenutzung des Gebietes ist. Auf die relativ großen Flächen des ackerbaulich nicht genutzten alten Pedimentes auszuweichen, ist für die Fulbe aus Gründen der Zugänglichkeit häufig nicht möglich. Krustenberge, deren Hänge zerschnitten sind, werden dagegen regelmäßig aufgesucht.

Außerdem sind die Böden der Krustenberge sehr nutzungsempfindlich. Ein Großteil der ohnehin sehr geringen potentiellen Austauschkapazität ist bei diesen sehr steinigen, sandigen Böden (acric Cambisols) an den Humus gebunden. Dessen Abnahme infolge verstärkter Weidenutzung könnte zu völliger Unfruchtbarkeit auch durch die dann verringerte Wasserhaltekapazität der bereits sehr nährstoffarmen, stark steinigen Böden führen. Ein großer Flächenanteil wäre betroffen.

Tränkemöglichkeiten bieten sich dagegen mit Beginn der Regenzeit - auch ohne Abfluß der Vorfluter - weit verbreitet. Die dorfnahen Barragen, im Arbeitsgebiet bei Tobré und Kika, werden dann sehr viel seltener aufgesucht. Die teuren, von den Rindern verursachten Weideschäden an den um die Barragen liegenden Feldkulturen der Bauern können so vermieden werden. Die Tränkefunktion der Barrage wird durch die Feldanlagen stark eingeschränkt, das Konfliktpotential erhöht (STURM et al. 1990).

Zwei von den Fulbe selbstgebaute Kleinbarragen finden sich im Bereich der Hauptwasserscheide über dichten Lateritkrusten in günstigen Reliefpositionen. Dort bestand offenbar Bedarf, der zur Eigeninitiative führte. Übertiefte Bachanfänge sind im südlichen Viertel des Untersuchungsgebietes, ebenfalls nahe der trockenen, Gelblehme aufweisenden Hauptwasserscheide, häufiger als Tränke genutzt als in den anderen Gebieten. Ihre absolute Zahl ist hier allerdings durch die größere Reliefenergie auch höher. Im Bereich der aktuellen Weiden wird das Naturraumpotential der Wasserversorgung also voll ausgenutzt.

6.5 Bewertung des naturräumlichen Einflusses auf die Nutzung

Die Gesteins- und Reliefgegebenheiten als Grundlage der Bodenbildung sind maßgebend für die unterschiedliche Nutzung dieses Raumes. Die Infrastruktur hat dagegen Einfluß auf die Nutzungsintensität (s. Karte 1).

Über die geologischen Einheiten und die größeren geomorphologischen Formen läßt sich - bei ähnlichen Bevölkerungszahlen - gegenwärtig noch schlüssig die Nutzungsverteilung des betreffenden Raumes herleiten. Mit dem Fortschreiten der Mechanisierung werden diese Abhängigkeiten zunehmend verwischt.

7 Die Bodenerosion

Das vorrangige Ziel der Erosionsmessungen war es, Aussagen über die Abtragsraten auf den verschiedenen Erosionsformen im Arbeitsgebiet machen zu können.

Die Abhängigkeit denudativer Prozesse von Art und Deckungsgrad der Vegetation näher zu untersuchen, war ein weiterer Schwerpunkt. Aus diesem Grund wurden Erosionsmeßparzellen installiert.

Der Versuch, die Meßergebnisse der Parzellen im Themenkomplex der allgemeinen Bodenabtragsgleichung nach WISCHMEIER & SCHMITH (1978) zu diskutieren, unterbleibt. Erstens ist die Versuchsdauer von knapp zwei Jahren dafür zu kurz. Zweitens sind die Regenschreiberwerte, gemessen mittels eines Seba-Hydrometrie Bandregenschreibers, wegen mehrerer Ausfälle der Geräte unvollständig. Drittens wurden dafür wichtige Daten, wie z. B. der Bodenfeuchtegang (SCHWERTMANN et al. 1983), nicht erhoben.

Aufgrund der sehr unterschiedlichen angewandten, quantitativen Erosionsmeßmethoden lassen sich die ermittelten Werte nicht problemlos vergleichen (BREBURDA 1983:64). Sie ermöglichen aber Aussagen bezüglich der Größenordnung des denudativen bzw. erosiven Bodenabtrags oder Austrags. Allerdings ist die Übertragbarkeit der Meßergebnisse von nur 6 m² großen Meßbahnen auf größere Flächen wiederum problematisch. Auf den Flächen konnten immer wieder Feinmaterial-Durchgangsaufschüttungen beobachtet werden. Bewegtes Material wird häufig - anders als auf den Meßbahnen - nicht völlig vom Hang entfernt. Weiterhin ist die meist vorhandene Formengliederung der Hänge durch Meßparzellen dieser Größe nicht zu erfassen. Die Ergebnisse sind unter diesen Gesichtspunkten zu bewerten.

7.1 Abtragsmessung mittels Erosionsmeßparzellen

Direkt durch Ackerbau oder Überweidung verursachte Runsen oder Gullies sind im Arbeitsgebiet die Ausnahme (vgl. RUNGE 1990:74), wenig eingetiefte Verspülungen dagegen häufig. Denudative Prozesse überwiegen also im Arbeitsgebiet. ZEESE (1983:227) nimmt an, daß die Intensität der rezenten Abspülung durch anthropogene Einflüsse allgemein verstärkt ist. Das trifft auch für das Arbeitsgebiet zu. Herauspräparierte Grasbulte an Unterhängen sowie freigespülte Baumwurzeln sprechen dafür. Diese Indikatoren sind allerdings nicht überall im Arbeitsgebiet zu finden.

7.1.1. Methodisches Vorgehen

Vier 6 m lange und 2 m breite Meßparzellen wurden, auf 1,5-2° geneigten Hängen, unter Vegetation verschiedenen Deckungsgrades angelegt, drei von ihnen mit Regenschreibern versehen.

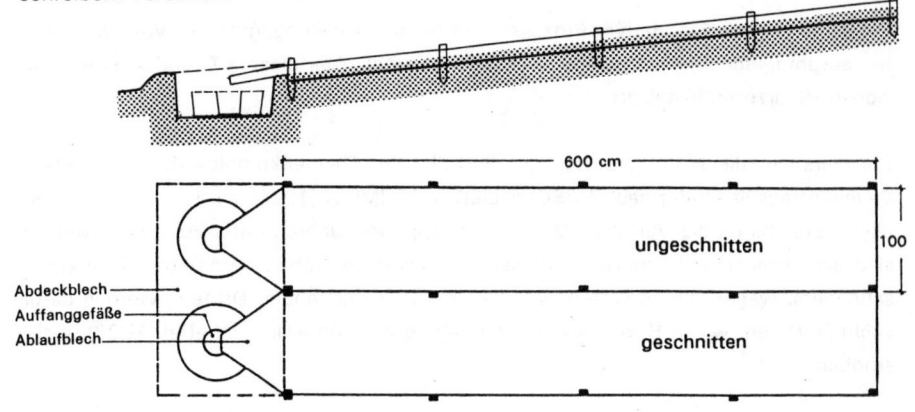

Abb. 12 Die Versuchsanordnung der Erosionsmeßparzellen

nach WEGENER (1978), verändert

Jede Parzelle besteht aus zwei parallel angelegten Bahnen. Die Hangneigung beträgt auf allen Bahnen zwischen 1,5 und 2°. Jeweils die rechte wurde zweiwöchentlich geschnitten. Von den Parzellen abfließendes Wasser wurde in Behältern aufgefangen, gemessen und der Festmaterialanteil durch Eindampfen von Wasserproben bestimmt.

Nach jedem Niederschlagsereignis mußten die am unteren Ende der Ablaufbahnen in einer Grube unter den Ablaufblechen abgedeckt installierten Eimer und Wannen kontrolliert werden. Fand Oberflächenabfluß statt, wurde die Wassermenge in den ausgelitterten Auffanggefäßen mit Hilfe eines Meßstabes gemessen, die Werte in eine dafür entwickelte Tabelle übertragen.

Der Inhalt der Eimer wurde durch einen trichterförmigen Probenteiler geschüttet. Dieser Probenteiler viertelt die eingefüllte Wassermenge, da an seinem Boden 4 Schläuche gleichen Durchmessers mit Silikon eingeklebt wurden. Nach mehreren Versuchen wurde ein Schlauch markiert, der genau die entsprechende Wassermenge durchließ. Unter diesen Ausflußschlauch wurde eine zuschraubbare 1 Liter Plastikflasche gestellt.

Aus den Wannen wurden, unter intensivem Rühren, 2 Tauchproben mit den gleichen Flaschen entnommen. Beide Auffanggefäße, die Wanne und der Eimer, wurden anschließend völlig entleert und gesäubert. Die Proben wurden im Labor in Bechergläser überführt, das Wasser in einem Heraeus-Trockenschrank bei 150°C verdampft.

Um das Nachstürzen von Bodenmaterial unterhalb der Ablaufbleche zu verhindern, wurde diese Stelle mit einer Betonschürze ausgekleidet. Außerdem war es nötig, die Parzellen mit einem kleinen Drainagegraben zu umgeben, damit die die Auffanggefäße enthaltenden Gruben nicht voll Wasser liefen.

Die Niederschlagsganglinien wurden nach der Knickpunktmethode ausgewertet. Aufgrund der so ermittelten Dauer und Höhe der Niederschlagsereignisse konnten die Stundenintensitäten der jeweiligen Ereignisse berechnet werden.

Die Bodenprofile der Meßparzellen wurden aufgenommen.

Tab. 20 Parzelle 1, pisolithreiche Braunerde

HORIZONT	TIEFE	ART	GEFÜGE	VF.	X	FARBE
Ahpi	5 cm	uS	sub f - m	2	>50	2,5Y5/2
Bvpi	30 cm	sL	sub f	2	>50	10YR5/3
IImCvSw	70 cm	stL	ris 1 pri >50 sub f	2-3	20-30	10YR6/4
IImCvSd	+					

Durchwurzelung pro dm^2: W 6,4,4,4,3,3,2,3,3,2,2,2,1

Tab. 21 Parzelle 2, pisolithreiche Braunerde über Rotlatosol

HORIZONT	TIEFE	ART	GEFÜGE	VF.	X	FARBE
Ap	15 cm	lS	sub f	2-3	20	7,5YR4/2
Bvpi	30 cm	lS	sub f - sf	2	30	7,5YR4/6
IIBupi	60 cm	stL	pol f - m	2-3	50	2,5YR4/6
IIBuk	+					

Durchwurzelung pro dm^2: W 6,5,4,3,3,3,2,2,1

Tab. 22 Parzelle 3, Pisolith-Braunerde über Rotlatosol-Basis

HORIZONT	TIEFE	ART	GEFÜGE	VF.	X	FARBE
Ah	3 cm	lS	kru f - sf	2	>50	7,5YR4/2
Bvpi	20 cm	tS	sub f	2	50	5YR5/4
IIBu	35 cm	sT	pol f	2-3	7-10	5YR5/6
IIImCv	+					

Durchwurzelung pro dm^2: W 5,4,3,2,2

Tab. 23 Parzelle 4, Braunerde über Gelbplastosol

HORIZONT	TIEFE	ART	GEFÜGE	VF.	X	FARBE
Ah	8 cm	lS	kru f	2-3	1-2	2,5Y5/2
SBv	35 cm	t'L	sub f	2-3	2-5	7,5YR5/6
IIBj	70 cm	stL	pol - sub f	2-3	30-40	10YR6/6

Durchwurzelung pro dm^2: W 5,3,3,2,1

7.1.2 Die Meßergebnisse

Die zweijährigen Abtragsraten der 4 Meßparzellen können aufgrund der großen Niederschlagsvariabilität nicht als Mittelwert angesehen werden. Im folgenden wird deshalb der Schwerpunkt darauf gelegt, an den Jahresgesamtwerten regelhafte Interaktionen zwischen Vegetation und Abtrag aufzuzeigen. Ferner werden einige Niederschlags- und Abtragsereignisse genauer beschrieben.

Tab. 24 Der Bodenabtrag der Meßparzellen 1989/90

	Vegetationsform	Bodenabtrag 1989/kg/ha		Bodenabtrag 1990/kg/ha	
		links	rechts	links	rechts
1	Baumsavanne	689,8	2 257,2	6 441,5	12 171,0
2	Acker	-------	1 425,9	109,4	624,4
3	Baumsavanne	272,4	670,3	338,1	1 482,2
4	Strauchsavanne	357,1	740,1	3 795,8	10 502,4

Tab. 25 Der Oberflächenabfluß der Meßparzellen 1989/90

Vegetationsform		Abfluß 1989/L/6 m²		Abfluß 1990/L/6 m²	
		links	rechts	links	rechts
1	Baumsavanne	252,6	647,0	956,0	1 593,0
2	Acker	-------	360,5	20,0	134,5
3	Baumsavanne	802,5	826,5	275,0	1 020,0
4	Strauchsavanne	820,0	944,0	1 007,0	1 248,0

Die erosionshemmende Wirkung geschützter, ungebrannter Brache wird auf der linken Bahn der Ackerparzelle 2/89 bereits im ersten Jahr sehr deutlich. Der Deckungsgrad lag dort zu Beginn der Untersuchung bei etwa 70 % und am Ende der Regenzeit bei 90 %. Es wurde kein Abfluß und kein Abtrag gemessen.

Dasselbe gilt 1990 für andere Meßstationen bis Juli desselben Jahres. Bis zum 7.7.1990 wurde auf den linken, nicht geschnittenen Bahnen von Parzelle 1/90 und 3/90 kein Abfluß gemessen.

Die linken Bahnen von Parzelle 2/90 und 4/90 wiesen ebenfalls nur sehr geringen Abfluß mit entsprechend niedrigen Abtragsraten auch bei Niederschlagsintensität um 20 bis 25 mm/h auf. Am 7.7.1990 wurden deshalb, da der Bodenschutz nach zwei Jahren geschützter Brache nahezu vollständig war, auch die linken Bahnen geschnitten. So konnten Abtragsmengen in Verbindung mit der Vegetationsregeneration nach Bloßlegen der ehemals geschützten Brache auch in der Regenzeit gemessen werden.

Die überwiegend annuellen Gräser auf Bahn 1/90 und 4/90 konnten den Bodenschutz bei Deckungsgraden um 10 % (Bahn 1) und 25 % (Bahn 4) nicht wiederherstellen. Bahn 2/90 und 3/90, mit höheren Anteilen perenner Gräser, reagierten mit rascher Deckungszunahme. Auf Bahn 3/90 nahm die Deckung von 25 % direkt nach dem Schnitt (überwiegend Wurzelfilz) zwei Monate später auf etwa 60 % zu. Erhöhter Erosionsschutz war die Folge. Die Ackerbrache nimmt wieder eine Sonderstellung ein, da sich dort ein starker Wurzelfilz entwickelte, der etwa 70 % deckt.

Die Abtragsmengen sind mit Ausnahme der Parzellen 1/90 und 4/90 mit Werten überwiegend unter einer Tonne/ha gering. Nur durch völliges Entfernen der annuellen Gräser treten auf Parzelle 1/90 und 4/90 Werte auf, die nicht zu tolerieren sind.

Das abgetragene Korngrößenspektrum änderte sich durch den Schnitt der linken Bahnen von lS-uS zu lS-ulS. Der Ton- und Schluffgehalt nahm zu und liegt etwas über der normalen Korngrößenverteilung der entsprechenden Oberböden. Pisolithe werden in der Regel nicht transportiert. Sie reichern sich deshalb nach und nach an der Oberfläche an. Erosionshemmende Steinpflaster entstehen.

Infiltrationsmessungen mit dem Doppelringinfiltrometer wurden an einigen Oberböden zum Vergleich für die Abflußmessungen auf "unbehandelten" Standorten durchgeführt. Die Infiltrationsmessungen ergaben für eine l'S-lS Braunerde über Gelblehm eines foret claire 86 mm/h, für eine leicht trittbelastete l'S Braunerde über Gelblehm mit Graswuchs 39 mm/h und für die leicht pseudovergleyte lS-sL Braunerde über Gelblehm der Meßparzelle 4 20 mm/h Infiltrationsrate. Werte bis 20 mm/h sind gering und weisen wohl auf bereits erfolgte Verschlämmung hin.

Zu den Infiltrationsmessungen ist einschränkend zu bemerken, daß die bodenverschlämmende Wirkung der Regentropfen nicht simuliert wird, die Infiltrationsraten unter natürlichen Bedingungen also niedriger sind. Mit Oberflächenabfluß ist auf den geschnittenen Bahnen bereits ab Niederschlagsintensitäten von 12 - 13 mm/h zu rechnen.

7.2 Das Vermessen der Runsen und Gullies

Weiterhin wurden 5 Runsen- bzw. Gullyanfänge zu Beginn und Ende der Regenzeit vermessen, so daß ebenfalls quantitative Aussagen zum Materialaustrag möglich sind. PLANCHON et al. (1987:64) führten ebenfalls Volumenbestimmungen von Runsen und Gullies durch. Der Abstand der vermessenen Profile lag allerdings bei 10 m.

Die Gullies sind abrupt kantig in das junge Pediment eingetieft (vgl. RUNGE 1990: 74; PLANCHON et al. 1987: 63). Alle Gullyendbereiche werden auch vom Interflow über dem Stauhorizont unterhöhlt, so daß die Ränder etwas überhängen. Zum Teil greifen bereits kleinere Rinnen über die Ränder auf die Fläche zurück. An ihnen orientiert sich die spätere Rückverlegung des tieferen Gully. Diese Formen sind überwiegend an anthropogen stark verdichtete Flächen gebunden. Außerhalb des Arbeitsgebietes konnten an Unterhängen auch durch Viehtritt, Fahrrad- und Fußwege ausgelöste Gullies beobachtet werden. Falls die Straßen im Gelände eingetieft sind, finden sich häufig in Nähe von Brücken über Vorfluter tiefe Einschnitte links und rechts der Fahrbahn. Diese Gullies führen hin und wieder zum Einsturz der Brücken.

7.2.1 Methodisches Vorgehen

Zu Beginn der Regenzeit wurden die Endbereiche einer jeden Runse durch zwei sich im rechten Winkel zur Runsenlängsachse gegenüberliegenden Metall- oder Holzstäbe gut sichtbar markiert. Die zwischen ihnen gedachte Linie verlief am Kopfende der Runse in ihrem mittleren Teilstück genau am Beginn der Eintiefung. Es ist darauf zu achten, daß die Stäbe weit genug von den aktiven Rändern der Runsen entfernt sind, da sie sonst mit abtransportiert werden könnten. Ein weiterer Stab wurde auf jeder Runsenseite am Ende der Meßstrecke eingeschlagen. Zwischen dem Stab am Beginn und am Ende der Meßstrecke, also auf jeder Seite, wurde ein Maßband gespannt. An ihr wurde in Abständen von 50 cm ein weiteres Maßband quer über die Form gespannt, das Band lag also horizontal über dem Einschnitt. Mit Hilfe eines dritten, an einem Ende beschwerten Maßbandes, das als Lot diente, konnte die Tiefe des Einschnittes unter dem horizontalen Band gemessen werden.

Die Auslotung der Runse erfolgte in 10 cm Schritten. Dieses Verfahren der Aufnahme von Querschnitten wurde solange in 50 cm Abständen wiederholt, bis das Ende der Schnur mit dem zweiten Stab erreicht war. Am Ende der Regenzeit wurden die Messungen wiederholt, die Werte mit denen der Vorregenzeit verglichen. Die Meßergebnisse wurden auf Millimeterpapier übertragen, die Profile anschließend ausgeschnitten.

Nach der Flächeninhaltsbestimmung mit dem Areameter Li 3100, und später der Volumenumrechnung kann der Austrag in Litern angegeben werden. Um Gewichtsangaben zu erhalten, müssen die Volumenwerte mit einem die vorliegenden Korngrößen berücksichtigenden Faktor multipliziert werden. Für das aus den Runsen entfernte Bodenmaterial wurde der Faktor 1,5 für die Trockendichte von Lehm herangezogen (PRINZ 1982:19; SCHEFFER & SCHACHTSCHABEL 1982:130).

7.2.2 Die Meßergebnisse

Zwei der fünf vermessenen Runsenendbereiche gehören zu einem ganzen System, das auf eine Piste eingestellt ist. Diese Piste wurde im Zuge der Baumwollanbauförderung 1979 gebaut. Das Runsensystem entwickelte sich also innerhalb von 11 Jahren. Die anderen drei Runsen befinden sich an einem Schulhof, in einem Bas-fond und an einer durch Viehtritt verdichteten Fläche. Ihre Einzugsgebiete konnten nicht exakt bestimmt werden. Die Runsen sind verschieden groß, aber alle in dellenförmigen Vorformen über pseudovergleyten Böden angelegt.

Tab. 26 Der Materialaustrag aus Runsen

Runse	Abtrag kg/1990	Tiefe/cm	Breite/cm	Meßlänge/m
Piste 1	2985	180	300	450
Piste 2	195	190	250	250
Tritt	570	85	200	200
Schule	2400	150	250	450
Bas-fond	4200	85	450	350

Tiefe und Breite sind als Maximalwerte zu verstehen. Die Tiefenlinien von Runse 2 und 3 sind ab etwa zwei Meter Entfernung zum aktiven, etwas ausgekolkten Endbereich bewachsen, also von da an weniger bis nicht aktiv.

Runse 1 und 2 werden vom selben Einzugsgebiet gespeist, Runse 1 liegt aber tiefer und muß entsprechend mehr Abfluß aufnehmen. Die Abtragswerte sind deshalb soviel höher. Diese beiden Runsen sind sekundär am Unterlauf eines größeren Gullys entstanden. Dieser selbst ist durch seine fortgeschrittene Entwicklung im Oberlauf bereits inaktiv, das verbleibende Einzugsgebiet stark verkleinert. Außerdem ist die größtmögliche Höhendifferenz der Runse zum Bachbett längst unterschritten, die Neigung also entsprechend verringert (BREBURDA 1983:113). Genau am Punkt der höchsten Reliefenergie schneiden sich die vermessenen Runsen zurück.

Die Runse im Bas-fond Zentrum wird durch dessen gesamten Abfluß bei etwa 2° Neigung weitergebildet. Auffällig ist die große Breite bei nur geringem Einschnitt dieser Form. Da der Bas-fond im Gegensatz zu den verdichteten Einzugsgebieten der anderen Runsen dicht bewachsen ist, hängt das wohl mit der niedrigeren Abflußgeschwindigkeit des Wassers zusammen.

In der Dimension dem Anschnitt 3 (Tritt) ähnelnde Runsen finden sich vor allem an den Bachufern häufig. Ihre Endbereiche befinden sich in der Regel in oder auf Lateritkrusten des jungen Pedimentes. Werden diese durchschnitten, weiten sich die Runsen rasch aus.

Die Querschnittsveränderungen durch Materialaustrag lagen in den vermessenen Runsen am Ende der Regenzeit überwiegend im Dezimeterbereich. Der Meßfehler bei der Auslotung liegt dagegen im Zentimeterbereich. Es kann somit von einer Meßungenauigkeit von maximal etwa 20 bis 25 % ausgegangen werden.

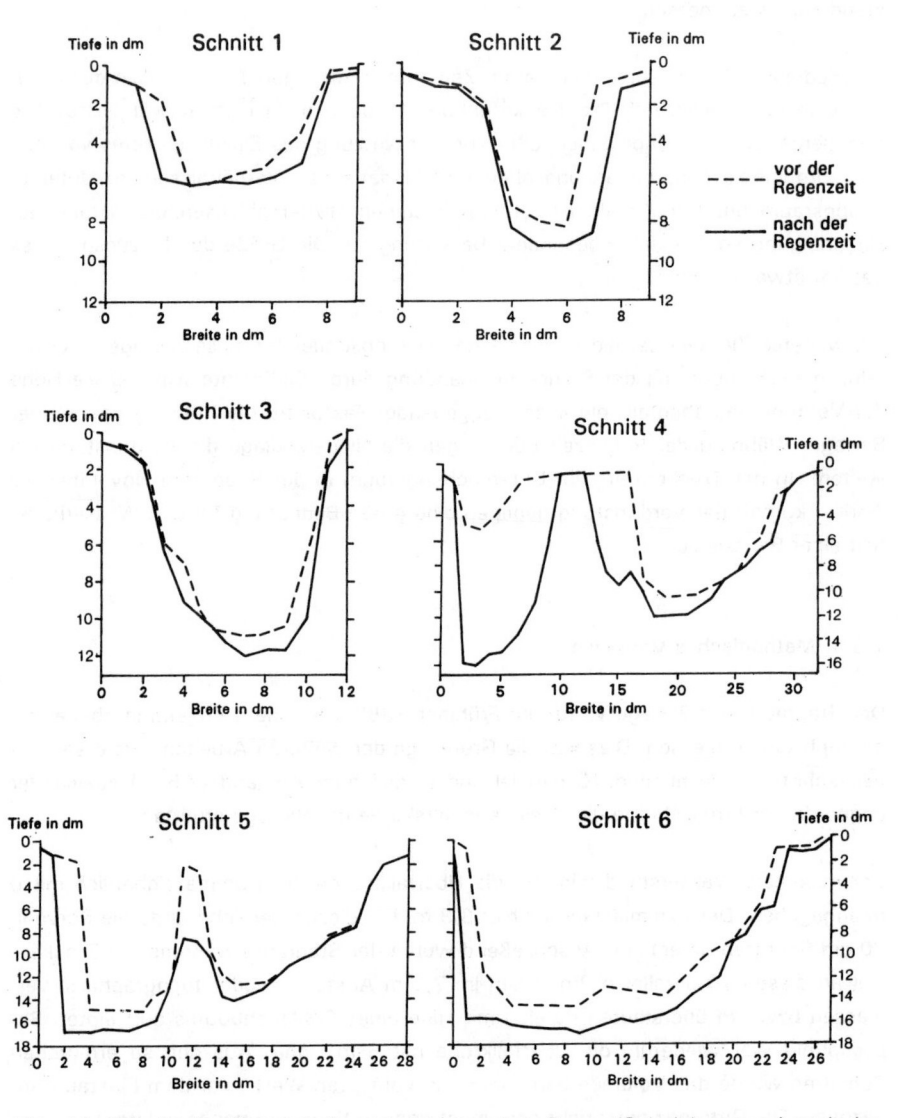

Abb. 13 Beispiel der Querschnittsentwicklung einer Runse (Schule) vor und nach der Regenzeit 1990

7.3 Die Barragenvermessung

Um den Bodenabtrag aus einem kompletten Einzugsgebiet ermitteln zu können, bot es sich an, die Stauraumverlandung eines im Arbeitsgebiet bei Kika gelegenen Kleinstaudammes zu messen.

Der Sedimenteintrag führt im Laufe der Zeit zum frühzeitigen Trockenfallen des Stauraums in der Trockenzeit. Die Tränkefunktion ist dann nicht mehr gewährleistet. Die Sedimentationsrate hängt dabei außer von der Nutzung des Einzugsgebietes von den geomorphologischen, bodenkundlichen und klimatischen Verhältnissen im Untersuchungsraum ab. Der Anzahl der abflußwirksamen Niederschlagsereignisse und der Hangneigung kommt dabei besondere Bedeutung zu. Die Größe des Einzugsgebietes beträgt etwa 370 ha.

Ein weiteres Ziel war es, die verbleibende Nutzungsdauer für diese Barrage zu ermitteln. In Verbindung mit der Stauraumverlandung durch Sedimenteintrag ist die Höhe der Verdunstung ebenfalls ein ausschlaggebender Faktor für die Nutzungsdauer einer Barrage. Während der Regenzeit übersteigen die Niederschläge die Verdunstung bei weitem. In der Trockenzeit - im Untersuchungsraum in der Regel von November bis April - kommt der Verdunstung dagegen eine große Bedeutung für den Wasserhaushalt einer Barrage zu.

7.3.1 Methodisches Vorgehen

Der Stauraum der Barrage wurde im Frühjahr 1988 von einem Projektmitarbeiter topographisch vermessen. Dies war die Grundlage der weiteren Arbeiten. Als erster Arbeitsschritt wurde anhand 10 parallel und in gleichem Abstand (7,5 m) zueinander angeordneter Profilschnitte die Speicherinhaltskurve der Barrage ermittelt.

Der maximale Wasserstand wird für die Überfallkronen der Dämme einheitlich mit 6 m angegeben. Der Minimalstand ist hier 3,8 m. Für diesen Bereich wurde die Kurve in 20 cm Schritten berechnet. Anschließend wurde der Stauraum während der Trockenzeit an diesen 10 parallelen Profillinien im 7,5 m Abstand wieder topographisch vermessen bzw. im überstauten Bereich mit Hilfe eines Schlauchbootes ausgelotet. Bezugspunkt war wiederum die Überfallkrone mit 6 m Höhe. Aus den so ermittelten Schnitten wurde das Volumen berechnet und vom alten Wert - vor dem Einstau - abgezogen. Die Differenz entspricht der eingetragenen Sedimentmenge in Litern.

HANGNEIGUNGSSTUFEN

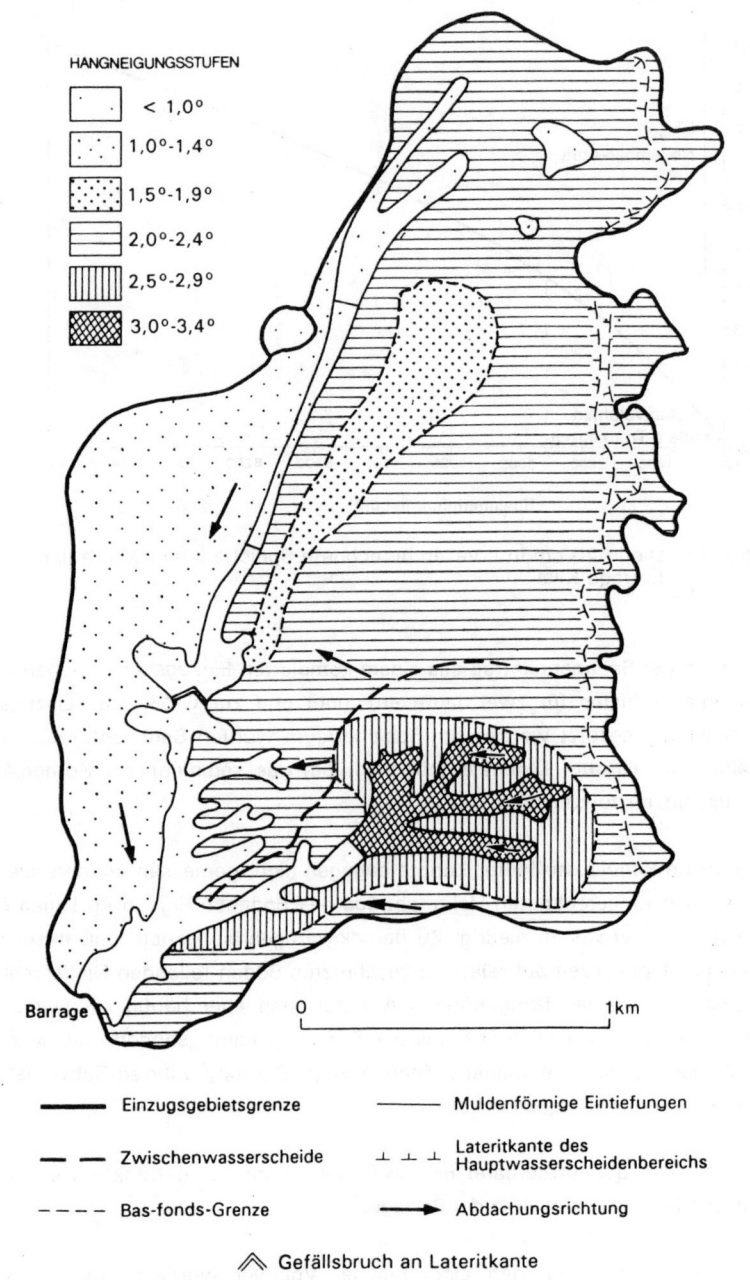

- < 1,0°
- 1,0°-1,4°
- 1,5°-1,9°
- 2,0°-2,4°
- 2,5°-2,9°
- 3,0°-3,4°

Barrage   0   1km

▬▬▬ Einzugsgebietsgrenze   ——— Muldenförmige Eintiefungen

— — Zwischenwasserscheide   ⊥ ⊥ ⊥ Lateritkante des Hauptwasserscheidenbereichs

– – – Bas-fonds-Grenze   ➤ Abdachungsrichtung

⋀ Gefällsbruch an Lateritkante

Abb. 14 Das Einzugsgebiet der Barrage Kika

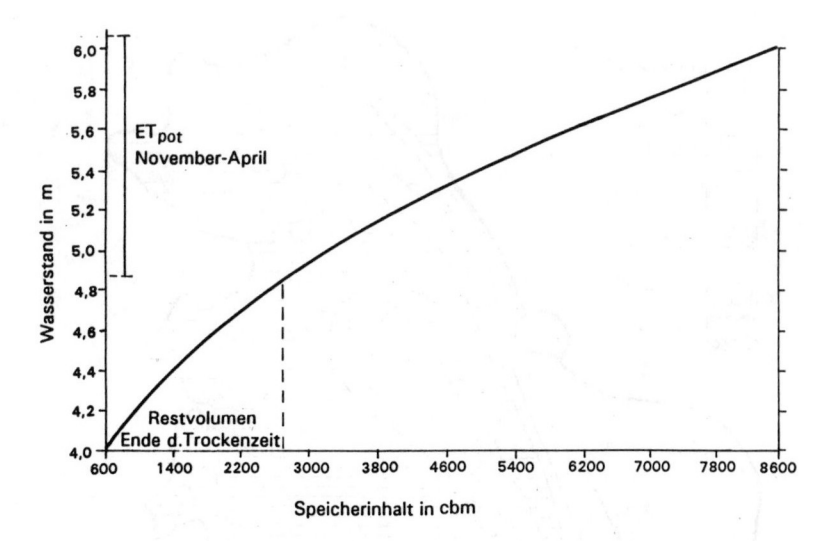

Abb. 15 Die in 20 cm Intervallen berechnete Speicherinhaltskurve der Barrage Kika

Dadurch konnte der Sedimenteintrag aus einem kompletten Einzugsgebiet anhand des Speichervolumenverlustes für zwei Jahre errechnet und zur Größe des Einzugsgebietes in Beziehung gesetzt werden. Im Speicherraum wurden Sedimentproben vom Stauwurzelbereich bis zum Damm entnommen, um das sedimentierte Korngrößenspektrum abschätzen zu können.

Der ausgetragene Schwebstoffanteil konnte dagegen nicht gemessen werden; die auf das Einzugsgebiet umgerechneten Hektarabträge des Bodenabtrags in kg liegen deshalb wahrscheinlich etwas zu niedrig. Zu berücksichtigen ist jedoch, daß besonders die am Ende der Trockenzeit auf relativ ungeschützten Boden fallenden Niederschläge erosionswirksam sind. Die dazugehörigen Abflüsse sind aber häufig zu niedrig, so daß es zu keinem Hochwasserabfluß aus der Barrage kommt, sondern vielmehr nur das Stauvolumen der Barrage wieder aufgefüllt wird. Die mitgeführten Schwebstoffe sedimentieren dann im Barragenbecken.

Ein weiterer schwer quantifizierbarer Einfluß ist der durch das getränkte Vieh verursachte seitliche Materialzuschub in die Barrage.

Zur Gewichtsumrechnung aus dem eingetragenen Volumen wurde für die Barragensedimente der Faktor 1,85 für die Trockendichte von Lehm herangezogen (PRINZ

1982:19; SCHEFFER & SCHACHTSCHABEL 1982:130), da die Sedimente im Gegensatz zum Material aus den Runsen kein Gefüge aufweisen (vgl. BREBURDA 1983:25).

Als Referenzwert für die Verdunstungsrate wurden die mit einer class A pan ermittelten Verdunstungsraten der Klimastation Natitingou von 1968 bis 1988 herangezogen. Aufgrund des "Oaseneffekts" (WEISCHET 1979) einer Verdunstungspfanne in weitgehend trockener Umgebung liegen die so ermittelten Werte etwas über den tatsächlichen Werten, bieten aber doch einen guten Anhaltspunkt. Der mittlere Jahreswert dieser Meßperiode wurde den monatlichen Verdunstungsraten für den Zeitraum November bis April (Trockenzeit), ebenfalls im langjährigen Mittel, gegenübergestellt. Der prozentuale Anteil dieses Zeitraumes an der Jahresverdunstung wurde errechnet.

Außerdem wurden die für die Trockenzeit von Dezember 1988 bis März 1989 in Nähe der Barrage Kika nach PENMAN ermittelten Verdunstungsraten (SCHÄFER-MAYER 1989) berücksichtigt. Um einen weiteren Vergleichswert zu erhalten, wurden auch die Aufzeichunungen eines dort installierten Bandpegelschreibers (Seba-Hydrometrie) für die Trockenzeit 1989/90 ausgewertet.

7.3.2 Die Meßergebnisse

Das Volumen der Barrage hat sich seit der Vermessung 1988 um 1184 m² oder 13,8 % verringert. Die Jahressedimentationsrate beträgt 6,9 % (592 m³) des Speichervolumens. Das entspricht bei einer Einzugsgebietsgröße von 370 ha einem Hektarabtrag von 2880 kg/a. Der ausgetragene Schwebstoffanteil wird hierbei nicht berücksichtigt.

Im Bereich der Stauwurzel wurden nur vereinzelt kleinflächige aus Pisolithen bestehende Schüttungen gefunden. Größere Mengen von Geschiebematerial treten nicht auf. Die Analysen der Sedimentproben ergaben, daß sich - mit Ausnahme des Stauwurzelbereiches (uS) - Korngrößen bis zum Tonbereich (IT-utL) absetzen. Der größte Teil des Einzugsgebietes wird aber von sandigen Oberböden eingenommen, von denen nach Korngrößenmessungen des Meßparzellenabtrags hauptsächlich u'S-lS abtransportiert wird. Der Ton- und Schluffanteil stammt also aus dem Zersatz oder tieferen Bodenhorizonten, die überwiegend an den Bachrändern bzw. Geländedepressionen angeschnitten werden. Der Materialaustrag aus Runsen scheint also zu dominieren.

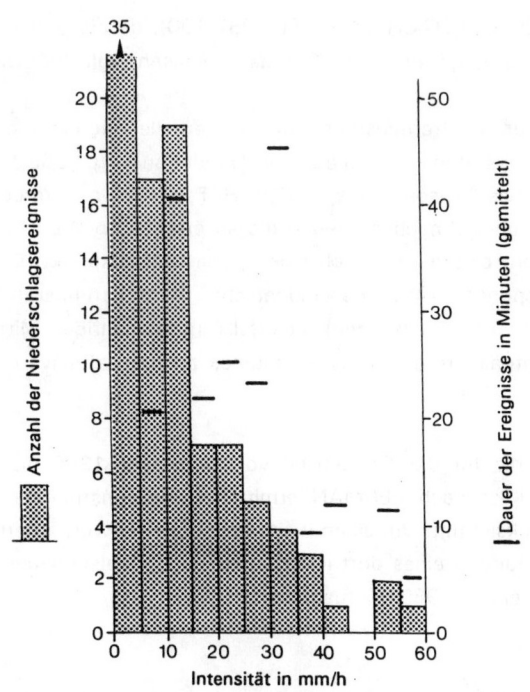

Abb. 16 Verteilung der Niederschläge nach Intensität und Anzahl der Ereignisse

Angesichts der großen Niederschlagsvariabilität in diesem Raum ist die ermittelte Jahressedimentationsrate nur als Richtwert zu verstehen. Der Abb. 16 ist die Zahl der oberflächenabflußwirksamen Niederschlagsereignisse zu entnehmen.

Der prozentuale Anteil der Verdunstung für den Zeitraum November bis April entspricht in Natitingou mit 1036 mm, verglichen mit den Jahresverdunstungswerten von 1671 mm, etwa 62 % des Jahreswertes.

Die nach PENMAN ermittelte Verdunstungsrate lag für Dezember 1988 bis März 1989 bei 815 mm. Für November und April liegen keine nach PENMAN ermittelten Meßwerte vor. SCHÄFERMEYER (1989) schätzt die Verdunstung in der Nähe des Untersuchungsgebietes für den Zeitraum von September bis April auf etwa 1150 mm ein.

Allein durch Verdunstungsverluste wärend der Trockenzeit ist bereits eine Absenkung des Barragespiegels um über einen Meter zu erwarten. Die nach PENMAN ermittelte Absenkkurve weicht ab Anfang Dezember von der gemessenen Absenkung ab. Diese über die Verdunstungsrate hinausgehende Absenkung wird ab diesem Zeitpunkt offensichtlich durch das hier getränkte Vieh verursacht. Bis zum Zeitpunkt der Vermessung Anfang Juni 1990 liegt der maximal gemessene Abfall bei etwa 190 cm.

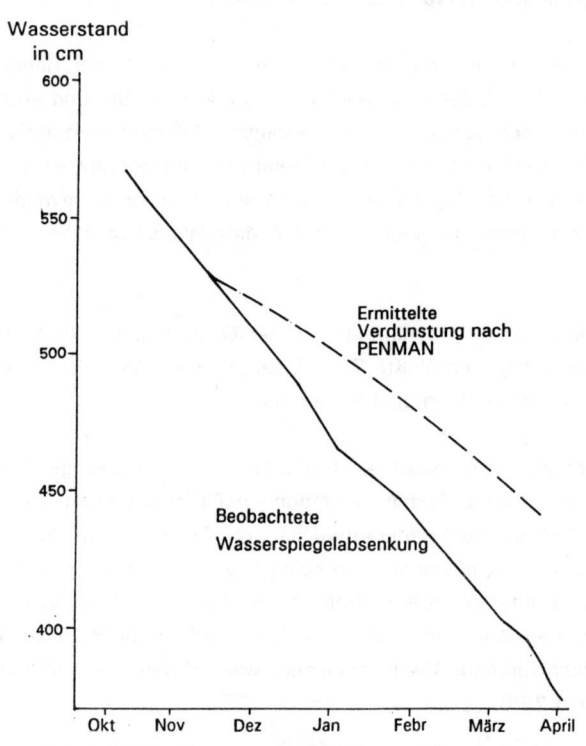

Abb. 17 Die Absenkung des Wasserspiegels in der Barrage Kika in der Trockenzeit 1989/90; nach PENMAN ermittelt und gemessen

Die Barrage wird unter alleiniger Berücksichtigung der Verdunstung von November bis April (1150 mm) bei etwa 32 % Füllung ihres Volumens (2700 m^3) durch Sedimente nach 5 Regenzeiten (Jahressedimentationsrate 590 m^3) unbrauchbar. Wichtiger ist jedoch der Zeitpunkt des Trockenfallens in der Trockenzeit. Für die Verdunstungsrate von November bis Januar (etwa 500 mm) ist nach 10 Regenzeiten bei einer Füllung von etwa 66 % (5700 m^3) mit dem Trockenfallen der Barrage zu rechnen; die Tränkefunktion ist dann nicht mehr gewährleistet.

Unter realen Verhältnissen wird sich die Stauraumverlandung jedoch etwas anders entwickeln, da mit abnehmendem Speichervolumen die Sedimentationsrate abnimmt und außerdem die Tränkenutzung das Bild weiter modifiziert.

7.4 Vergleichende Interpretation der Meßergebnisse

Die Abtragswerte der Meßparzellen sind außer auf den in der Regenzeit geschnittenen, von annuellen Gräsern bewachsenen Bahnen (1/90 und 4/90) tolerierbar. Unter natürlichen Bedingungen sind die wenigsten Flächen ganzjährig kahl, was die Extremwerte der Parzellen 1 und 4 weiter relativiert. Interessant ist, daß bereits nach zwei Jahren geschützter Brache, also ungebrannt und nicht beweidet, unabhängig von der Art der schützenden Vegetation der Materialaustrag nahezu vollständig verhindert wird.

Gefährdeter und quantitativ bedeutender scheinen punktuell stark trittbelastete oder anders verdichtete bzw. entblößte Tiefenlinien zu sein. Von dort stammt wohl der größte Anteil der Sedimente in dem Barragenbecken.

Die stark verdichteten, trittbelasteten Bachanfänge weisen niedrige Humusgehalte auf (unter 0,5 %) und sind z. T. mit einer dünnen Flechtenschicht überzogen (mündl. Mitt. SEMMEL 1990), die Wiederaufwuchs von Gräsern und Kräutern verhindert. Dem Rückschneiden der Bäche wird an solchen Stellen Vorschub geleistet. Die Schäden finden sich wiederum zwangsläufig in den Oberflächenabfluß konzentrierenden Geländepartien, nämlich in leichten Tiefenlinien (vgl. SEILER 1982). Bodenabtragsraten können hier durchaus Werte erreichen, wie auf den geschnittenen Bahnen von Parzelle 1/90 und 2/90.

Um die Sedimentation in den Barragen zu verringern, müßten aktive Runsen des Einzugsgebietes verbaut werden. Da die Runsen in der Regel keine Gefährdung des Ackerbaus darstellen, ist die Mitarbeit der Bevölkerung aber nicht sichergestellt. Die erosive Wirkung linienhaft verdichteter Abflußbahnen könnte aber leicht durch deren geschicktere Anlage gemindert werden. Für die vermessene Barrage ist unter den aktuellen Bedingungen mit einer Restnutzungsdauer von etwa 10 Jahren - entsprechend 66 % zusedimentiertem Speichervolumen - bis zum frühzeitigen Trockenfallen des Stauraumes in der Trockenzeit zu rechnen.

Da Bas-fonds aufgrund ihrer Form i. d. R. ein recht günstiges Verhältnis von Dammbreite zu erzieltem Speichervolumen aufweisen, werden sie häufig als Barragenstandorte genutzt. Diese Bas-fonds, mit ihrem vor allem in der Trockenzeit hohen Nutzungspotential, gehen durch den Überstau und die Sedimentablagerung dauerhaft für andere Nutzungsformen verloren.

Auch durch Erosion sind die Bas-fonds-Standorte gefährdet. Da Bas-fonds in der Regel im Übergangsbereich zum Vorfluter an Lateritkrusten gebunden sind, die die von dort ausgehende rückschreitende Erosion hemmen, können nutzungsbedingt erhöhte Oberflächenabflüsse gravierende Folgen haben. Nach Zerschneiden der Lateritbarriere wird auch der zumindest gut wasserversorgte, häufig aber auch nährstoffreiche Boden des Bas-fond ausgeräumt.

Runse 5 zeigt, welche Dimensionen der Austrag dann, selbst im nur 2° geneigten Gelände, erreichen kann, obwohl in diesem Fall die Kruste noch nicht vollständig zerstört ist. Im oberen Bereich des Bas-fond sind mehrere, dessen Längsachse folgende Pfade angelegt, die Ursache des erhöhten Oberflächenabflusses. Im unteren Abschnitt verlaufen dagegen alle Pfade quer zur Fließrichtung.

8 Zusammenfassung

Meine Aufgabe war es, Grundlagen der Geologie des Arbeitsgebietes im Grundgebirgsbereich Nord-Benins, die Relief- und Bodenentwicklung, Bodennutzung und Erosionserscheinungen sowie deren räumliche Verteilung zu untersuchen. Nutzungskonkurrenzen zwischen Bauern (Bariba) und Viehzüchtern (Fulbe) wurden aus dieser Sicht ebenfalls beleuchtet.

Die genannten Geofaktoren sind maßgebend für das Naturraumpotential. Die Reliefgenese wird überwiegend bezüglich ihrer bodengeographischen Relevanz dargestellt. Aufgrund dieser Ergebnisse wurde eine Boden- sowie eine Nutzungskarte erstellt.

Der größte Teil des Untersuchungsgebietes südöstlich Tobré, wird von Biotitgneis und Phyllit eingenommen. Es handelt sich um während der panafrikanischen Orogenese metamorphisierte Gesteine. Im Gneis-Gebiet tritt Granit hinzu. Der Einfluß der Gesteine auf die Morphogenese und Bodenbildung ist im Arbeitsgebiet sehr unterschiedlich.

Vier Reliefeinheiten können unterschieden werden:

1. Reste einer über 6 m tief verwitterten Fläche des Hauptwasserscheidenbereiches im südlichen Teil des Arbeitsgebietes.

2. Reste eines alten, nördlich an die Fläche anschließenden Pedimentes. Es handelt sich um eisenkrustenbedeckte, tafelbergähnliche Erhebungen (Krustenberge).

3. Ein jüngeres, tieferliegendes Pediment, das den größten Flächenanteil des Untersuchungsgebietes einnimmt.

4. Junge Eintiefungen (Dellen, Bachläufe) mit Bas-fonds werden ausgegliedert.

Die Gesteinsunterschiede sind für die Böden der tiefverwitterten Fläche und der Krustenberge weniger ausschlaggebend.

Auf der Fläche dominieren 1,5 bis 2 m mächtige Gelbplastosole und Rotlatosole. Die Krustenberge wiederum sind teilweise von nur 20 cm mächtigen, stark steinigen Braunerden bedeckt. Besonders stark wirken sich dagegen die Gesteinsunterschiede auf die Bodenbildung des jungen Pedimentes aus. Meist handelt es sich um mehrschichtige Profile.

Über Phyllit dominieren Gelbplastosole (xanthic Ferralsols). Über Gneis/Granit sind Braunerden (Cambisols) und untergeordnet Parabraunerden (Luvisols) zu finden, die eine sandige Deckschicht aufweisen.

Diese gravierenden Unterschiede zwischen den Bodengesellschaften der einzelnen Reliefeinheiten schlagen sich auch in deren Nutzung nieder. Die im Hackbau leicht zu bearbeitende sandige Deckschicht der Böden über Gneis/Granit wird intensiv genutzt. Der Gelbplastosol der Hauptwasserscheide und über Phyllit ist für diese Form des Anbaus am Beginn der Regenzeit zu hart. Sonderstandorte stellen Übergangsbereiche zwischen vor allem um Krustenberge anzutreffenden Rotlatosolen und randlich dieser Vorkommen feuchteren Gelbplastosolen dar.

Dominant ist im Bereich der Gelbplastosole jedoch die Weidenutzung. Dies gilt auch für die Krustenberge des alten Pedimentes, falls diese für Rinder zugänglich sind. Die Förderung des Pflugbaus schränkt die Weidenutzung mehr und mehr ein; erhöhte Zugkraft erlaubt es, auch Gebiete mit härteren Böden unter Kultur zu nehmen. Noch beschränkt sich Pflugbau auf die am besten geeigneten, kaum geneigten Flächen. Die zur Verfügung stehenden Weidegebiete werden kleiner. Bei steigenden Viehzahlen erhöht sich der Weidedruck auf die verbleibende Restfläche stark. Dies hat auch negative Auswirkungen auf den Boden. Trittschäden verstärken sich, die Denudation nimmt zu. Konzentriert finden sich solche Schäden um ausgekolkte Bachanfänge, die als natürliche Tränken während der Regenzeit dienen.

Weitere von Bodenverspülungen aufgrund anthropogener Eingriffe betroffene Flächen sind im Hackbau bestellte Unterhänge. Erosionsschutzmaßnahmen greifen an diesen Stellen aufgrund sozioökonomischer Rahmenbedingungen nur schlecht.

Dasselbe gilt für die Bekämpfung von kleinen, regelmäßig an den Rändern der Vorfluter entwickelten Runsen. Materialaustrag aus diesen Formen spielt eine wichtige Rolle bei der Stauraumverlandung kleiner, die Wasserversorgung in der Trockenzeit sicherstellender Staudämme.

Denudation von den Restflächen des jungen Pedimentes ist erst an zweiter Stelle zu nennen. Nach 2 bzw. 3 Jahren geschützter Brache fand nahezu kein Materialaustrag auf den entsprechenden Bahnen der Meßparzellen mehr statt.

Diese Arbeit ist ein Beitrag zur besseren Kenntnis planungsrelevanter Einflußgrößen im Untersuchungsgebiet der Plaine de Bénin.

Summary

The major part of the research area consists of Micagneiss and Phyllite. These rocks were metamorphosed during the Panafrican orogenic cycle. Granit can also be found in the Gneiss area. The influence of these rocks on morphogenesis and soil development differs in a wide range.

Four relief units can be distinguished:

1. Remainders of an approximately 6 m deeply weathered peneplain in the main watershed area, situated in the south part of the investigation area.

2. Remainders of an old, gently inclined pediplain which follows north of the former. These are crust topped (laterits) mesa-like elevations (Krustenberge).

3. A younger, lower pediplain which covers the largest part of the research area.

4. Young depressions and run-off tracks as well as Bas-fonds.

This last group of forms lowers the young pediplain and creates smaller catchment areas. The main axes of lowering generally follow fissures. The north-south orientation of the pediplain gives way to a west-east orientation of the small rivers. In consequence, with approximation to the main watershed, the catchment areas are developped asymetrically. The south slopes are steeper and shorter than the north ones.

Because of the deep weathering of the peneplain there are no direct influences of parent rock on geomorphological forms. The remnants of the old pediplain show no parent rock influences either. Only the more sparse development of these forms over Phyllite give some hints on parent material.

In the area covered by the younger pediplain one can recognize a more dense drainage system over Phyllite than over Gneiss. Bas-fonds are restricted to Gneiss and Granite areas. Thin laterit crusts in lower relief positions are also much more frequent here.

So parent rock differences are not very decisive for soils on the peneplain and on the mesa-like, crust topped elevations.

The deeply weathered peneplain is dominated by xanthic Ferralsols and rhodic Ferralsols of about 1,5 to 2 m depth.

On the other hand the mesa-like elevations are only partially covered with up to 20 cm thick acric Cambisols over ironstone.

An especially high influence, caused by differences in parent rock material on soil development, can be seen on the younger, lower pediplain. Stratified soils with several layers are developped here.

The underlying layer is a clayey pedisediment. A stone line of Quarz and Pisolith occurs frequently at its base. The genesis of the overlying, sandy covering layer cannot be determined clearly. This layer is of minor thickness in the Phyllite area and could only be found on downslopes.

Due to this fact xanthic Ferralsols are dominant over Phyllite, Cambisols and less often Luvisols are dominant over Gneiss/Granite.

In the Gneiss/Granite area one is frequently able to find a weathered zone underlying both these layers, still featuring rock structure. This zone is generally less than a meter thick.

These significant differences between soil groups in different relief units are reflected in their use.

Soils with sandy cover layers over Gneiss and Granite are easy to work and intensively cultivated by hoeing from the agricultural Baribas. Xanthic Ferralsols over Phyllite and on the main watershed area are to hard to hoe at the beginning of the rainy season. Only wetter transition areas between rhodic Ferralsols, surrounding remnants of the older pediplain, and xanthic Ferralsols offer special conditions which enable manual cultivation.

Grazing use by Fulbe herdsmen is particularly dominant in this area. The same can be said for the remnants of the old pediplain if these are accessible to cattle.

Grazing use in this area is more and more restricted by the promotion of plough use. Increased traction power permits the cultivation of even harder soils.

Still, this form of use is limited to the most suitable, scarcely inclined surfaces. Available pasture ground is decreasing. Larger numbers of livestock increases the pressure on the remaining areas.

This also creates negative effects on the soils. Trampling is getting worse, denudation is intensified.

These damages are concentrated around the pooled beginnings of the runoff tracks. During the rainy season these pools are used as watering places for the livestock.

Other areas stricken by anthropogenic caused denudation are cultivated downslopes. Because of the socio economic framework, anti erosive measures dont work very well in these places.

The same is to be said about the fight against small gullies that regularly occur at the edges of the drainage lines. Material export from these forms play an important role in the sedimentation of reservoirs. These reservoirs are built to provide the water supply for the herds during the dry season.

Denudation from the rests of the young pediplain plays a less important role. Runoff and sediment yield from 4 research plots on the young pediplain was stopped nearly completely after two to three years of guarded fallow.

New cultivation forms are changing the landuse pattern. The safeguarding of areas inhabited and managed by the Fulbe creates many points of controversy, because the ground law lies by the agricultural Baribas.

The commercialisation of the growing herds also meets big resistance. On one hand selling of cattle without compelling reasons is not in the interest of Fulbe, therefore on the other hand no commercialisation structures have been established.

Without planning intervention the usage competition between Bariba and Fulbe will deteriorate with negative results for the environment. This report is a contribution for the better knowledge of planning relevant influences in the research area of the Plaine de Bénin.

Sommaire

Le micagneiss et la phyllite représentent les roches les plus abondantes dans cette zone de recherche. Ces roches se sont transformées durant l'Orogénèse Panafricaine.

On trouve également du granite dans cette zone de gneiss. L'influence de ces roches sur la morphogénèse et sur la constitution des sols diffère considérablement.

Quatre unités de relief sont à distinguer:

1. Restes d'une surface d'aplanissement altérée d'environ 6 mètres de profondeur, situés au sud de la région d'investigation.

2. Témoins d'un vieux glacis, faiblement incliné, contigu au nord de la surface d'aplanissement. Ce sont des buttes tabulaires cuirassées.

3. Un glacis plus jeune et plus bas couvre la majeure partie du domaine de recherche.

4. Jeunes dépressions, cours d'eaux et bas-fonds.

Ce dernier groupe de formes entrecoupe le jeune glacis, créant ainsi de plus petits bassins versants. En général ce processus s'établit dans une direction déjà définie par des fissures. L'orientation nord-sud des glacis a été transformée par une orientation est-ouest des ruisseaux. Par conséquent, à l'approche de la ligne de partage d'eau principale, les bassins versants se développent assymétriquement. Les pentes au sud sont plus raides et plus courtes que celles du nord.

A cause de la décomposition profonde de la surface d'aplanissement, il n'existe pas d'influence directe des roche-mères ni sur la surface d'aplanissement ni sur le vieux glacis.

Seulement le développement plus réduit de ces buttes tabulaires cuirassées sur la phyllite, permet d'identifier le matériel parent.

Dans la région du plus jeune glacis, le réseau de drainage est plus dense sur la phyllite que sur le gneiss.

Les bas-fonds se trouvent seulement sur les zones occupées par le gneiss et le granite. Les carapaces ferrugineuses des bas de pente sont également plus fréquentes à cet endroit.

Ainsi les différences entre les roche-mères ne jouent pas un grand rôle pour le développement des sols de la surface d'aplanissement et de ceux des buttes tabulaires cuirassées.

La surface d'aplanissement altérée en profondeur porte des Ferralsols xanthiques et des Ferralsols rodiques d'environ 1,5 à 2 mètres de profondeur.

Par ailleurs les buttes tabulaires cuirassées sont couvertes partiellement de Cambisols acriques atteignant 20 cm d'épaisseur.

Une influence très forte, due aux différentes compositions des roche-mères, est visible pour le développement des sols sur le plus jeune glacis. Ici il s'agit de sols stratifiés, en partie avec plusieurs couches.

La couche sous-jacente consiste en un sédiment argileux. A la base de cette couche on trouve souvent une nappe de gravats constituée de quartz et de congressions ferrugineuses.

La genèse de la couche supérieure, constituée de sable, est difficile à retracer exactement. Cette couche a une épaisseur réduite sur la phyllite. Sur les hauts de pente, elle est souvent inexistante.

En conséquence les Ferralsols xanthiques sont prépondérants sur la phyllite. Sur le gneiss et le granite, on trouve généralement des Cambisols et moins souvent des Luvisols. Dans la zone gneiss/granite la strate couvrante sableuse doit être considérée de matériel d'origine du récent développement des sols. Ici, sous ces couches argileuses et sableuses on trouve fréquemment une zone altérée qui présente encore la structure initiale de la roche. Cette zone a généralement une épaisseur n'atteignant pas un mètre.

Jeunes dépressions et bas-fonds sont caractérisés par les Planosol-Gleysols et Gleysols, couverts de colluvion.

Ces principales différences observées entre les sols et les différentes unités de relief caractérisent les différentes occupations des sols.

Les sols, souvent d'une couche sableuse sur le gneiss et le granite, se laissent facilement travailler et sont intensivement cultivés avec la houe par le cultivateur-Bariba.

Les Ferralsols xanthiques sur la phyllite, et ceux de la surface d'aplanissement sont trop durs pour permettre l'utilisation de la houe, même au début de la saison des pluies. Dans cette région on trouve surtout des pâturages utilisés par les éleveurs, les Fulbes. Les buttes tabulaires cuirassées sont également utilisées comme pâturages, si toutefois le bétail peut y accéder.

Seulement les zones transitoires les plus humides entre les Ferralsols rhodiques et Ferralsols xanthiques, aux environs des restes du vieux glacis, offrent des conditions spéciales, permettant la culture des sols avec la houe.

La promotion de l'utilisation de la charrue réduit de plus en plus la surface jusqu'à présent réservée aux pâturages. L'augmentation de la force de traction rend possible la culture des sols même très durs. La culture attelée se limite encore aux surfaces peu inclinées, se révélant ainsi être les plus adaptées pour ce genre d'utilisation.

La surface destinée aux pâturages est de plus en plus petite. De l'augmentation du nombre de têtes de bétail dans les troupeaux résulte une utilisation intensive des pâturages restants, qui s'avère néfaste pour les sols: Le piétinement se propage, la dénudation s'intensifie.

Ces dégradations se concentrent autour des petits bassins constituant le début des cours d'eau. Pendant la saison des pluies ces bassins sont utilisés comme abreuvoir par le bétail.

D'autres endroits détériorés par la dénudation anthropogène sont des bas de pentes cultivées avec la houe. A cause des conditions socio-économiques, les mesures anti-érosives, surtout sur les bas des pentes, sont inefficaces.

Il en est de même pour la lutte contre les étroites ravines, qui apparaîssent régulièrement aux bordures des cours de drainage. La déportation de matériaux issus des ravines joue un rôle important pour la sédimentation, qui a lieu dans les barrages-réservoirs. Ces réservoirs sont construits pour approvisionner en eau les troupeaux pendant la saison sèche.

La dénudation sur la surface du jeune glacis est plus réduite. Après 2 à 3 années de jachère protégée, le matériel n'est plus transporté le long de la parcelle établie pour observer la dimension de l'érosion.

Les nouvelles formes d'exploitation ont changé le modèle d'utilisation des sols. Le droit du sol appartenant aux cultivateurs-Bariba, créant de fortes quérelles surviennent en ce qui concerne la sauvegarde des surfaces actuellement habitées et utilisées par les éleveurs-Pheul.

La mise en vente des troupeaux comptant de plus en plus de têtes s'avère difficile. D'une part les Pheuls ne sont pas intéressés de vendre le bétail sans y être obligés, d'autre part il n'existe pas de structure de vente organisée étendue dans la région.

Sans intervention planifiée, la concurrence entre les cultivateurs et les éleveurs pour l'utilisation des sols s'aggravera sûrement, et engendrera les effets négatifs correspondants sur l'environnement.

Cette étude est une contribution pour la meilleure connaissance des facteurs naturels et humains sur l'utilisation du sol pour la planification future de la région de recherche de la plaine de Bénin.

9 Literaturverzeichnis

ACRES, B. D. & BLAIR RAINS, A. & KING, R. B. & LAWTON, R. M. & MITCHELL, A. J. P. & RACKHAM, L. J. (1985): African dambos: Their distribution, characteristics and use. - Z. Geomorph., N. F., Suppl.-Bd. **52**: 63-86; Berlin, Stuttgart.

ADU, S. V. (1981): The geomorphology, soils, water resources and land use potential of the Nasia river basin, Ghana. - ITC-Journal, No. **4**: 498-525; Enschede.

AFFATON, P. (1973): Étude géologique et structurale du Nord-Ouest Dahomey, du Nord Togo et du Sud-Est de la Haute-Volta. - Trav. Lab. Sci. Terre., **10**: 201 S.; Marseille.

AG BODENKUNDE (1982): Bodenkundliche Kartieranleitung. - 331 S., 19 Abb., 98 Tab., 1 Beil.; Hannover.

AHN, P. M. (1970): West African Soils. - Vol. 1, West African Agriculture, 3. Aufl.: 332 S.; Oxford.

ALEXANDER, L. T. & CADY, J. W. (1962): Genesis and hardening of Laterite in soils. - U.S. Department of Agriculture, Tech. Bull., No. **1282**: 90 S.; Washington.

ALLAN, W. (1965): The African Husbandman. - 505 S.; Edinburgh, London.

ANDREWS, F. W. (1947): The parasitism of striga hermonthica benth. on leguminous plants. - Ann. appl. Biol., **34**: 267-275; London.

AUBERT, G. (1965): Classification des sols, tableaux des classes, souclasses, groupes et sous groupes des sols utilisés par la section de Pédologie de l'O.R.S.T.O.M. - Cah. O.R.S.T.O.M., ser. Ped., **3**: 269-288; Paris.

AVENARD; J.-M. & MICHEL, P. (1985): Aspects of present day processes in the seasonally wet tropics of West Africa. - In: DOUGLAS, I. & SPENCER, T. [Eds.]: Environment change and tropical Geomorphologie: 75-92; London.

BAUER, A. (1993): Bodenerosion in den Waldgebieten des östlichen Taunus in historischer und heutiger Zeit - Ausmaß, Ursachen und geoökologische Auswirkungen. - Frankfurter geowiss. Arb., Ser. D, **14**: 194 S., 45 Abb.; Frankfurt a. M.

BEHRMANN, W. (1915): Die Formen der Tieflandflüsse. - Geogr. Z., **21**: 459-466; Stuttgart.

BESSOLES, B. & TROMPETTE, R. (1980): Géologie de l'Afrique, la chaîne panafricaine - zone mobile d'Afrique central (partie sud) jet zone mobile soudanaise - Mem. B.R.G.M., No. **92**: 396 S.; Bordeaux.

BLANKENBURG, P. VON & CREMER, H. D. (1983): Das Welternährungsproblem. - Handbuch der Landwirtschaft und Ernährung in Entwicklungsländern, Bd. 2, 2. Aufl.: 17-37; Stuttgart.

BÖHM, W. (1979): Methods of studying root systems. - Ecological studies, **33**: 188 S.; Berlin, Heidelberg, New York.

BONATTI, E. & CRANE, K. (1984): Ozeanische Bruchzonen. - Spek. Wiss., **7**: 62-76; Heidelberg.

BONHOMME, M. (1962): Contribution a l'étude géochronologique de la plateforme de l'Ouest africain. - Ann. Fac. Univ. Clermont-Ferrand, No. 5: 62 S.; Clermont-Ferrand.

BOSERUP, E. (1965): The conditions of agricultural growth. The Economics of Agrarian change under population pressure. - 124 S.; London.

BOSERUP, E. (1972): Population change and economic development in Africa. - Africa Studienzentrum. - 13 S.; Leiden.

BOURLIERE, F. & HADLEY, M. (1983): Present-day savannas: an overview. - In: BOURLIERE, F. [Ed.] Tropical savannas. Ecosystems of the world, **13**: 1-17; Amsterdam, Oxford, New York.

BOWDEN, D. J. (1980): Sub-laterite cave systems and other karst phenomena in the humid tropics: the example of the Kasewe Hills, Sierra Leone. - Z. Geomorph., N. F., **24**: 77-90; Berlin, Stuttgart.

BOWDEN, D. J. (1987): On the composition and fabric of the footslope laterites (duricrust) of Sierra Leone, West Africa, and their geomorphological significance. - Z. Geomorph., N. F., Suppl.-Bd. **64**: 39-53; Berlin, Stuttgart.

BREBURDA, J. (1983): Bodenerosion und Bodenerhaltung. - 128 S., 42 Abb.; Frankfurt a. M.

BREMER, H. (1974): Geologie und Geomorphologie. - Heidelberger geogr. Arb., **40**: 219-237; Heidelberg.

BRONGER, A. (1985): Bodengeographische Überlegungen zum Mechanismus der doppelten Einebnung in Rumpfflächengebieten Südindiens. - Z. Geomorph., N. F., Suppl.-Bd. **56**: 39-53; Berlin, Stuttgart.

BÜDEL, J. (1957): "Doppelte Einebnungsflächen" in den feuchten Tropen. - Z. Geomorph., N. F., **1**: 201-228; Berlin, Stuttgart.

BÜDEL, J. (1970): Pedimente, Rumpfflächen und Rückland-Steilhänge; deren aktive und passive Rückverlegung in verschiedenen Klimaten. - Z. Geomorph., N. F., **14**: 1-57; Berlin, Stuttgart.

BURINGH, P. (1979): Introduction to the study of soils in tropical and subtropical regions. - Centre for agricultural publishing and documentation, 3. Aufl. : 124 S.; Wageningen.

CANNELL, G. H. & WEEKS, C. V. (1979): Erosion and its control in semi-arid regions. - In: HALL, H. & CANNEL, G. & LAWTON, H. [Eds.]: Ecological studies, **34**: 238-256; Berlin, Heidelberg, New York.

CHARTRES, C. J. (1982): The role of Geomorphology in Land Evaluation for tropical Agriculture. - Z. Geomorph., N. F., Suppl.-Bd. **44**: 21-32; Berlin, Stuttgart.

CHLEQ, J. & PRIEZ, H. DU (1984): Eau et terres en fruit, métiers de l'eau du Sahel. - Terres et vie. - 127 S.; Dakar.

DELASSUS, M. (1972): Méthodes de lutte contre les Strigas. - L'Agronomie tropicale, Vol. 27, No. 2: 249-254; Paris.

D'HOORE, T. L. (1968): The classification of tropical soils. - In: MOSS, R. P. [Ed.]: The soil resources of tropical Africa: 7-28; Cambridge.

DIETZ, K. R. (1981): Grundlagen und Methoden geographischer Luftbildinterpretation. - Münchner geogr. Abh., **25**: 109 S.; München.

DRESCH, J. (1947): Pénéplaines africaines. - Ann. de Geogr., **302**: 125-137; Paris.

DOUGLAS, I. & SPENCER, T. (1985): Environment change and tropical Geomorphology. - 378 S.; London.

EINSTEIN, A. (1945): Surface runoff and infiltration. - Transact. Am. geophy. union, **26**: 431-434; Washington.

FAUCK, R. & MOUREAUX, C. & THOMANN, C. (1969): Bilans de l'évolution des sols de sefa (Casanance, Sénégal) après quinze années de culture continue. - Agr. trop., **24**: 263-301; Paris.

FAURE, P. (1977): Carte pédologique de reconnaissance de la République Populaire du Benin à 1/200 000. - O.R.S.T.O.M., notice explicative, No. **66** (6 et 8): 68 S.; Paris.

FAUST, D. (1987): Traditionelle Bodennutzung in den Monts Kabyè/N-Togo. - Z. f. Agrargeogr., Jg. **5**, H. 4: 336-351; Berlin, Vilseck

FAUST, D. (1989): Gesteinsbedingte Relief- und Bodenentwicklung in den Monts Kabyè (N-Togo) und Auswirkungen auf den Agrarraum. - Z. Geomorph., Suppl.-Bd. **74**: 57-69; Berlin, Stuttgart.

FAUST, D. (1991): Die Böden der Monts Kabyè (N-Togo) - Eigenschaften, Genese und Aspekte ihrer agrarischen Nutzung. - Frankfurter geowiss. Arb., Ser. D, **13**: 174 S., 33 Abb., 25 Tab., 1 Beil.; Frankfurt a. M.

FELIX-HENNINGSEN, P. (1987): Zur Quantifizierung der Elementausträge aus kaolinitischen Saprolithhorizonten (Weißverwitterung) des Rheinischen Schiefergebirges. - Mitt. dt. bodenkdl. Ges., **55**, II: 995-1001; Göttingen.

FINCK, A. (1963): Tropische Böden. - 188 S., 63 Abb.; Hamburg, Berlin.

FÖLSTER, H. (1964): Morphogenese der südsudanesischen Pediplane. - Z. Geomorph., N. F., **8**: 393-423; Berlin, Stuttgart.

FÖLSTER, H. (1978): Bodenhydrologische Grundlagen der Bodenentwicklung in den feuchten Tropen Nigerias. - Geomethodica, **3**: 137-170; Basel.

FÖLSTER, H. (1983): Bodenkunde-Westafrika (Nigeria - Kamerun). - Afrika-Karten, Beih. W **4**: 96 S.; Berlin, Stuttgart.

FRIED, G. (1983): Äolische Komponenten in Rotlehmen des Adamaua-Hochlandes/Kamerun. - Catena, **10**: 87-99; Braunschweig.

GIERLOFF-EMDEN, H. G. & SCHROEDER-LANZ, H. (1971): Luftbildauswertung, Teil III. - 499 S.; Mannheim, Wien, Zürich.

GRANT, N. K. (1967): Complete late Precambrian to early Paleozoic orogenic cycle in Ghana, Togo and Dahomey. - Nature G. B., **215**: 609-610; London.

GRANT, N. K. (1969): The late Precambrian to early Paleozoic pan-african orogeny in Ghana, Togo, Dahomey and Nigeria. - Geol. Soc. Am. Bull., Vol. **80**: 45-56; Washington.

GREENLAND, D. J. & LAL, R. (1977): Soil conservation and management in the humid tropics. - 283 S.; Chichester.

GRENZEBACH, K. (1976): Nutzflächenkartierung als Grundlage agrarräumlicher Analyse, dargestellt an Beispielen aus Tropisch Afrika. - Entwicklung der Landnutzung in den Tropen: Gießener Beitr. z. Entwicklungsforsch., Reihe I, **2**: 15-38; Gießen.

GRENZEBACH, K. (1977): Luftbilder und Luftbildvergleich: Grundlagen für die Erforschung der Agrarlandschaft Tropisch Afrikas. - Die Erde, **108**: 1-12; Berlin.

GUTIERREZ, M. & BENITO, G. & RODRIGUEZ, J. (1988): Piping in badland areas of the middle Ebro basin, Spain. - Catena, Suppl. **13**: 49-60; Braunschweig.

HARVEY, A. (1982): The role of piping in the development of badlands and gully systems in south of Spain. - In: BRYAN, R. & YAIR, A. [Eds.]: Badland Geomorphology and piping. - Geobooks: 317-335; Norwich.

HILTON, T. E. (1963): The geomorphology of north-eastern Ghana. - Z. Geomorph., **7**: 308-325; Berlin, Stuttgart.

HOPKINS, B. (1966): Vegetation of the Olokemeyi forest reserve, Nigeria, IV. The litter and soil with special reference to their seasonal changes. - J. Ecol., **57**: 687-703; London.

JONES, M. J. (1973): The organic matter content of the savanna soils of West Africa. - J. Soil. Sci., **24**: 42-53; London.

JONES, M. J. & WILD, A. (1975): Soils of the West African Savanna. - C.A.B., Tech. Comm, No. **55**: 246 S.; Harpenden.

JOSENS, G. (1983): The soil fauna of tropical savannas. III. The Termites. - In: BOURLIERE, F.: Tropical savannas. - Ecosystems of the world, **13**: 505-524; Berlin, Heidelberg, New York.

JUNGERIUS, P. D. (1965): Some aspects of the geomorphological significance of soil texture in eastern Nigeria. - Z. Geomorph., N. F., **9**: 332-345; Berlin, Stuttgart.

JUSTEN, A. (1972): Arbeitsverfahren des Baumwollanbaus im bäuerlichen Familienbetrieb in der Republik Elfenbeinküste (Westafrika). - Der Tropenlandwirt, Jg. 73, H. 2: 136-157; Witzenhausen.

KALU, A. E. (1979): The african dust plume: its characteristics and propagation across west africa in winter. - In: MORALES, C. [Ed.]: Sahara dust - Mobilisation, Transport and Deposition: 95-188; Chichester, New York, Brisbane, Toronto.

KELLEY, H. W. (1983): Bulletin pédologique de la F.A.O. Garder la terre en vie. L'érosion des sols - ses causes st ses remèdes, **50**: 99 S.; Rom.

KNAPP, R. (1973): Die Vegetation von Afrika. Unter Berücksichtigung von Umwelt, Entwicklung, Wirtschaft, Agrar- und Forstwirtschaft. - 626 S.; Stuttgart.

KNAPP, R. (1978): Neue Methoden und Ergebnisse von Untersuchungen und Kartierungen der Vegetation von Westafrika. - Geomethodica, **3**: 35-50; Basel.

KÖPPEN, W. (1931): Grundriß der Klimakunde. - 388 S.; Berlin, Leipzig.

KOWAL, J. (1970): Effect of an exceptional storm on soil conservation at Samaru, Nigeria. - Niger. Geogr. J., Bd. 13 (2): 163-174; Ibadan.

KRONBERG, P. (1984): Photogeologie - Eine Einführung in die Grundlagen und Methoden der geologischen Auswertung von Luftbildern. - 268 S., 238 Abb.; Stuttgart.

LAL, R. (1977): Analysis of factors affecting rainfall erosivity and soil erodibility. - In: GREENLAND, D. J. & LAL, R. [Eds.]: Soil conservation and management in the humid tropics: 49-56; Chichester.

LANDON, J. R. (1984): Booker tropical soil manual: A handbook for soil survey and agricultural land evaluation in the tropics and subtropics. - 480 S.; London, New York.

LANGE, U. (1985): Laterite und Lösungsabtrag in E - Burundi. - Z. Geomorph., N. F., Suppl.-Bd. 56: 31-37; Berlin, Stuttgart.

LAURENCE, L. A. (1976): Soil movement in the tropics - a general model. - Z. Geomorph., N. F., Suppl.-Bd. 25: 132-144; Berlin, Stuttgart.

LEE, K. E. & WOOD, T. G. (1971): Termites and soil. - Academic press: 251 S.; London.

LELONG, F. (1966): Régime des nappes phréatiques contenues dans les formations d'altérations tropicales. - Science de la terre. Ann. de l'E.N.S.G. et C.R.P.G., 11, 2: 208-244; Nancy.

LEOW, K. S. & SMITH, B. J. (1981): Soil pH and textural variations in the eluviated A-horizon on basement complex slope under a savanna climate, northern Nigeria. - Z. Geomorph., 25: 73-98; Berlin, Stuttgart.

LEVEQUE, A. (1969): Le problem des sols a nappes de gravats. - Cah. O.R.S.T.O.M., Ser. Ped., Vol. VII, No. 1: 43-69; Paris.

LEVEQUE, A. (1970): L'origine des concrétions ferrugineuses dans les sols du socle granito-gneissique au Togo. - Cah. O.R.S.T.O.M., Ser. Ped., Vol. VII, No. 3: 342-345; Paris.

LEWIS, H. (1976): Soil movement in the tropics - a general model. - Z. Geomorph., N. F., Suppl.-Bd. 25: 132-144; Berlin, Stuttgart.

LÖFFLER, E. (1985): Geographie und Fernerkundung. - Teubner Studienbücher Geogr. - 244 S.; Stuttgart.

LOHR, W. (1990): Entscheidungshilfe zur Realisierung pastoraler und wasserwirtschaftlicher Maßnahmen. Soziologische Studie PPEA. - 49 S.; Natitingou (unveröffentl.).

LÜKEN, H. (1974): Bodenbewertung nach Nutzungseignung für Landentwicklungsvorhaben. - Mitt. dt. bodenkdl. Ges., 20: 158-169; Göttingen.

MACHENS, E. (1966): Zur geotektonischen Entwicklung von Westafrika. - Z. Dtsch. geol. Ges. 116: 589-597; Hannover.

MÄCKEL, R. (1976): Ist die Röhrenbildung (Piping) klima- und substratbedingt? - Z. Geomorph., N. F., 20: 476- 483; Berlin, Stuttgart.

MÄCKEL, R. (1985): Dambos and related landforms in Africa - an example for the ecological approach to tropical geomorphology. - Z. Geomorph., N. F., Suppl.-Bd. **52**: 1-23; Berlin, Stuttgart.

MANSHARD, W. (1983): Die Bedeutung des Ressourcen-Managements für die Entwicklungszusammenarbeit. - Geogr. Zeitschr., **1**: 41-50; Stuttgart.

MANSHARD, W. (1984): Bevölkerung, Ressourcen, Umwelt und Entwicklung. - Geogr. Rundsch., **11**: 538-543; Braunschweig.

MANSHARD, W. (1986): Agrarforschung, Agrargeographie und rurale Entwicklungspraxis in den Tropen. - Geogr. Zeitschr., **2.**: 63-73; Stuttgart.

MARCHES TROPICAUX (1990): Benin - étude speciale, **12**. - 3649-3678; Paris.

MASCLE, J. (1977): Le golfe de Guinée (Atlantique Sud) - un exemple d'évolution de marges atlantiques en cisaillement. - Mem. Soc. Geol. Fr., **128**: 104 S; Paris.

McCONNELL, R. B. (1969): Fundamental fault zones in the Guinea and West African shields in relation to presumed Areas of Atlantic spreading. - Geol. Soc. Am. Bull., Vol. **80**: 1775-1782; Washington.

McCURRY, P. (1971): Pan-African orogeny in northern Nigeria. - Geol. Soc. Am. Bull., Vol. **82**: 3251-3262; Washington.

McFARLANE, M. J. (1983): Laterits. - In: GOUDIE, A. S. & PYE, K. [Eds.]: Chemical sediments and geomorphology: 7-58; London.

McFARLANE, M. J. (1987): Laterits, some aspects of current research. - Z. Geomorph., N. F., Suppl.-Bd. **64**: 73-95; Berlin, Stuttgart.

McTAINSH, G. H. & WALKER, P. H. (1982): Nature and distribution of Harmattan dust. - Z. Geomorph., N. F., **26**: 417-435; Berlin, Stuttgart.

MEHNERT, K. R. (1959): Der gegenwärtige Stand des Granitproblems. - Fortschr. Miner., **37**: 117-206; Stuttgart.

MENAUT, J. C. & CESAR, J. (1983): The Structure and Dynamics of a West African Savanna. - In: HUNTLEY, B. J. & WALKER, B. H. [Eds.]: Ecology and tropical savannas. Ecological Studies, **42**: 80-100; Berlin, Heidelberg, New York.

MENSCHING, H. (1978): Inselberge, Pedimente und Rumpfflächen im Sudan (Republik). Ein Beitrag zur morphogenetischen Sequenz in den ariden Subtropen und Tropen Afrikas. - Z. Geomorph., N. F., Suppl.-Bd. **30**: 1-18; Berlin, Stuttgart.

MENSCHING, H. (1990): Desertification: Ein weltweites Problem der ökologischen Verwüstung in den Trockengebieten der Erde. - 170 S.; Darmstadt.

MEURER, M. & REIFF, K. & JENISCH, T. & LATIFOU, S. & STURM, H. J. & SWOBODA, J. & WILL, H. (1991): Abschlußbericht des Projektes Tierproduktion Atakora, Landnutzungsstudie - Phase II (1989-1990) - G.T.Z.: 318 S.; Karlsruhe (unveröffentl.).

MEYER, R. (1966): Über Flächenbildung in den wechselfeuchten Tropen. Kritische Anmerkungen zu den Vorstellungen von Julius Büdel. - Mitt. geogr. Gesell.; **51**: 183-204; München.

MICHEL, P. (1977): Reliefgenerationen in Westafrika. - In: Beiträge zur Reliefgenese in verschiedenen Klimazonen. - Würzburger geogr. Arb., **45**: 111-130; Würzburg.

MINISTERE DES RELATIONS EXTERIEURES - COOPERATION ET DEVELOPPEMENT (1984): Mémento de l'agronome. - Collection techniques rurales en Afrique, 1604 S.; Saverdun.

MONTGOMERY, R. F. & ASKEW, G. P. (1983): Soils of tropical savannas. - In: Tropical savanna. Ecosystem of the world, **13**: 63-78; Amsterdam, Oxford, New York.

MORGAN, C. (1986): The relative significance of splash, rainwash and wash as processes of soil erosion. - Z. Geomorph., N. F., **30**: 329-337; Berlin, Stuttgart.

MÜLLER-HAUDE, P. (1991): Probleme der Bodennutzung in der westafrikanischen Savanne. - Forschung Frankfurt, Jg. **9**:, H. 1: 26-32; Frankfurt a. M.

MURAWSKI, H. (1964): Kluftnetz und Gewässernetz. - N. Jb. Geol. Paläont., Mh., **9**: 537-561; Stuttgart.

MURAWSKI, H. (1980): Geologie Westafrika. - Afrika Kartenwerk, Beih. **2**: 70 S.; Berlin, Stuttgart.

NAHON, D. B. (1986): Evolution of iron crusts in tropical landscapes. - In: COLEMAN, S. & DETHIER, D. [Eds.]: Rates of chemical weathering of rocks and minerals: 169-191; London.

NICKOLSON, S. E. (1978): Climatic variations in the Sahel and other African regions during the past five centuries. - J. of arid environments, **1**: 3-24; London.

NYE, P. H. (1954): Some soil forming processes in the humid tropics. In a field study of a catena in the West African forest. - J. Soil Sci., **5**: 7-21; Oxford.

NYE, P. H. (1955): Some soil forming processes in the humid tropics, IV. The action of the soil fauna. - J. Soil Sci., **6**: 73-83; Oxford.

PAGEL, H. (1974): Tropische und subtropische Landwirtschaft. - 214 S.; Leipzig.

PLANCHON, D. & FRITSCHE, E. & VALENTIN, A. (1987): Rill developement in a wet savanna environment. - Catena, Suppl. **8**: 55-70; Braunschweig.

PLOEY, J. DE (1974): Mechanical properties of hillslope and their relation to gullying in central semi-arid Tunisia. - Z. Geomorph., Suppl.-Bd. **21**: 177-190; Berlin, Stuttgart.

POSS, R. & ROSSI, G. (1987): Systémes de versant et évolution morpho-pédologique au Nord-Togo. - Z. Geomorph., N. F., **31**: 21-44; Berlin, Stuttgart.

POUGNET, R. (1957): Le précambrien du Dahomey. - Bull. Don. Fed. Mines. Geol. A.O.F, **22**: 186 S.; Dakar.

PRINZ, H. (1982): Abriß der Ingenieurgeologie. - 419 S.; Stuttgart.

PULLAN, R. A. (1979): Termite hills in Africa: Their characteristics and evolution. - Catena, **6**: 267-291; Braunschweig.

PULLAN, R. A. (1969): The soil resources of West Africa. - In: THOMAS, M. F. &

WHITTINGTON, G. W. [Eds.]: Environment and land use in Africa: 147-192; London.

QUANSAH, C. (1985): The effect of soil type, slope, flow rate and their interaction on detachment by overland flow with and without rain. - Catena, Suppl 6: 19-28; Braunschweig.

RATHJENS, C. (1973): Subterrane Abtragung (Piping). - Z. Geomorph., N. F., Suppl.-Bd. 17: 168-176; Berlin, Stuttgart.

RAUNET, M. (1985): Les bas-fons en Afrique et à Madagascar. - Z. Geomorph., N. F., Suppl.-Bd. 52: 25-62; Berlin, Stuttgart.

RENGER, M. (1965): Berechnung der Austauschkapazität der organischen und anorganischen Anteile der Böden. - Z. Pflanzenern., Düng., Bodenkde., 110: 10-26; Weinheim.

RENGER, M. (1971): Die Ermittlung der Porengrößenverteilung aus der Körnung, dem Gehalt an organischer Substanz und der Lagerungsdichte. - Z. Pflanzenern., Düng., Bodenkde., 130: 53-67; Weinheim.

ROHDENBURG, H. (1969): Hangpedimentation und Klimawechsel als wichtigste Faktoren der Flächen- und Stufenbildung in den wechselfeuchten Tropen am Beispielen aus Westafrika, besonders aus dem Schichtstufenland Südost-Nigerias. - Gießener geogr. Schr., 20: 57-152; Gießen.

ROHDENBURG, H. (1970a): Hangpedimentation und Klimawechsel als wichtigste Faktoren der Flächen- und Stufenbildung in den wechselfeuchten Tropen. - Z. Geomorph., N. F., 14: 58-78; Berlin, Stuttgart.

ROHDENBURG, H. (1970b): Morphodynamische Aktivitäts- und Stabilitätszeiten statt Pluvial- und Interpluvialzeiten. - Eiszeitalter u. Gegenwart, 21: 81-96; Öhringen.

ROHDENBURG, H. (1976): Der Ursachenkomplex Landnutzung - Klima in seiner Bedeutung für Bodenerosion in Nigeria. - In: GRENZEBACH, K. [Ed.]: Landnutzung in den Tropen und ihre Auswirkung. - Gießener Beitr. z. Entwicklungsforsch., Rh. I, Bd. II: 9-14; Gießen.

ROHDENBURG, H. (1983): Beiträge zur allgemeinen Geomorphologie der Tropen und Subtropen. - Catena, 10: 393-428; Braunschweig.

ROHDENBURG, H. (1989): Landschaftsökologie - Geomorphologie. - Catena paperback: 220 S.; Cremlingen-Destedt.

ROOSE, E. (1977): Érosion et ruissellement en Afrique de l'ouest - Vingt années de mesures en petit parcelles experimental. - Trav. et doc. de l'O.R.S.T.O.M., 78: 108 S.; Paris.

ROOSE, E. (1980): Dynamique actuelle d'un sol ferallitique très desature sur sediments sablo-argileux soes culture et sous foret dense humide subéquatoriale du sud de la Côte d'Ivoire, Adiopodoume: 1964-1976. 2° partie - Les tranferts de matières. - Cah. O.R.S.T.O.M., ser. Ped., Vol. XVIII, 1: 3-28; Paris.

RUNGE, J. (1990): Morphogenese and Morphodynamik in Nord-Togo (9° - 11° N). - Göttinger geogr. Abh., 30: 115 S.; Göttingen.

RUTHENBERG, H. & ANDREAE, B. (1982): Landwirtschaftliche Betriebssysteme in den Tropen und Subtropen. - Handb. d. Landw. u. Ernähr. in Entwicklungsl.,

Bd. 1, 2. Aufl.: 125-173; Stuttgart.

SABEL-KOSCHELLA, U. (1988): Field studies on soil erosion in the southern Guinea Savanna of Western Nigeria. - Diss.: 182 S.; München.

SANCHEZ, P. A. (1976): Properties and management of soils in the tropics. - 618 S.; London, New York, Sydney, Toronto.

SAVIGEAR, R. A. G. (1960): Slopes and hills in West Africa. - Z. Geomorph., N. F., Suppl.-Bd. 1: 156-171; Berlin, Stuttgart.

SCHÄFERMEYER, J. P. (1989): - Vorläufiger Abschlußbericht des Projektes Tierproduktion Atakora. Hydrologische Untersuchungen an zwei kleinen Einzugsgebieten im Norden Benins. - G.T.Z.: 48 S.; Natitingou (unveröffentl.).

SCHEFFER, F. & SCHACHTSCHABEL, P. (1982): Lehrbuch der Bodenkunde. - 11. Aufl.: 442 S., 186 Abb., 97 Tab., 1 Taf.; Stuttgart.

SCHELLMANN, W. (1974): Prozesse der lateritischen Verwitterung in den Tropen. - Mitt. dt. bodenkdl. Ges., 20: 61-67; Göttingen.

SCHMIDT, R. G. (1979): Probleme der Erfassung und Quantifizierung von Ausmaß und Prozessen der aktuellen Bodenerosion (Abspülung) auf Ackerflächen. - Basler Beitr. z. Physiogeogr., Physiogeographica, 1: 240 S.; Basel.

SCHMIDT-LORENZ, R. (1971): Die Böden der Tropen und Subtropen. - In: Handb. d. Landw. u. Ernähr. in Entwicklungsl., Bd. 2: 44-80; Stuttgart.

SCHMITH, B. J. (1982): Effects of climate and land use change on gully-developement: an example from Northern Nigeria. - Z. Geomorph., N. F., Suppl.-Bd. 44: 33-51; Berlin, Stuttgart.

SCHWERTMANN, U. & AUERSWALD, K. & BERNARD, M. (1983): Erfahrungen mit Methoden zur Abschätzung des Bodenabtrags durch Wasser. - Geomethodica, 8: 87-116; Basel.

SCOTT, R. M. (1962): Exchangeable bases of mature well-drained soils in relation to rainfall in East Africa. - J. Soil Sci., 13: 1-9; Oxford.

SEILER, W. (1982): Erosionsanfälligkeit und Erosionsschädigung verschiedener Geländeeinheiten in Abhängigkeit von Nutzung, Niederschlagsart und Bodenfeuchte. - Z. Geomorph., N. F., Suppl.-Bd. 43: 81-102; Berlin, Stuttgart.

SEMMEL, A. (1963): Intramontane Ebenen im Hochland von Godjam (Äthiopien). - Erdkunde, XVII, 4: 173-189; Bonn.

SEMMEL, A. (1978): Braun - Rot - Grau. Farbtest für Bodenzerstörung in Brasilien. - Umschau in Wiss. u. Techn., 78: 497-500; Frankfurt a. M.

SEMMEL, A. (1980): Geomorphologische Arbeiten im Rahmen der Entwicklungshilfe. - Beispiele aus Zentralafrika und Kamerun. - Geoökodynamik, 1: 101-114; Darmstadt.

SEMMEL, A. (1982): Catenen der feuchten Tropen und Fragen ihrer geomorphologischen Deutung. - Catena, Suppl. 2: 123-140; Braunschweig.

SEMMEL, A. (1985): Böden des feuchttropischen Afrikas und Fragen ihrer klimatischen Interpretation. - Geomethodica, 10: 71-89; Basel.

SEMMEL, A. (1986a): Böden des Tropischen Afrika. - Frankfurter Beitr. Did. Geogr., 9: 214-222; Frankfurt a. M.

SEMMEL, A. (1986b): Angewandte konventionelle Geomorphologie - Beispiele aus Mitteleuropa und Afrika. - Frankfurter geowiss. Arb., Ser. D, 6: 144 S., 57 Abb.; Frankfurt a. M.

SENGHAAS, D. (1982): Von Europa lernen - Entwicklungsgeschichtliche Betrachtungen. - Edition Suhrkamp, 34: 356 S.; Frankfurt a. M.

SMITH, B. J. & LEOW, K. S. & SMITH, D. M. (1978): Size sorting of surface materials on debris manteld slopes near Zaria, northern Nigeria. - Savanna, 7:19-28; Zaria.

SMYTH, J. & MONTGOMERY, R. F. (1962): Soil and land use in central western Nigeria. - 265 S.; Ibadan.

SOIL CONSERVATION FOR DEVELOPING COUNTRIES (1976): F.A.O. soils bulletin, 30: 92 S.; Rom.

STAHR, K. (1976): Die Bedeutung periglazialer Deckschichten für Bodenbildung und Standorteigenschaften im Südschwarzwald. - Freiburger bodenkdl. Abh., 9: 273 S.; Freiburg i. Br.

STEINER, K. G. (1982): Intercropping in tropical smallholder agriculture with special reference to West Africa. - G.T.Z.: 303 S.; Eschborn.

STURM, H. J. & SWOBODA, J. & REIFF, K. & JENISCH, T. (1990): Trendbericht zur pastoralen Entwicklung in der Provinz Atakora auf Basis einer Weidepotentialstudie. - 33 S.; Natitingou (unveröffentl.).

SUMMERFIELD, M. A. (1985): Tectonic background to long-term landform development in tropical Africa. - In: DOUGLAS, I. & SPENCER, T. (1985): Environment change and tropical geomorphology: 281-294; London.

SWARDT, A. M. J. De (1964): Laterisation and landscape development in parts of Equatorial Africa. - Z. Geomorph., N. F., 8: 313-333; Berlin, Stuttgart.

SWOBODA, J. (1989): Der Einfluß von Standort, Niederschlag und Durchforstung auf den Schadverlauf einiger Buchenkollektive des Hochtaunus bei Köppern. - Geoökodynamik, 10: 27-46; Bensheim.

CONSERVATION FARMING (1985): Systems, techniques and tools - for small farmers in the humid tropics. - G.T.Z.: 39 S.; Eschborn.

TESSIER, F. (1954): Oolithes ferrugeneuses et fausses laterites dans l'est d'Afrique occidental française. - Ann. Fac. Sci., 1: 113-128; Dakar.

THOMAS, M. F. (1969): Geomorphology and land classification in tropical Africa. - In: THOMAS, M. F. & WHITTINGTON, G. W. ([Eds.]: Environment and land use in Africa: 103-146; London.

THOMAS, M. F. (1974): Tropical Geomorphology. - 332 S.; New York, Toronto.

TROLL, C. & PAFFEN, K. H. (1964): Karte der Jahreszeitenklimate der Erde. - Erdkunde., XVIII: 5-28; Bonn.

TROMPETTE, R. (1979): Les Dahomeyides au Benin, Togo et Ghana: une chaîne de collision d'age panafricain. - Rev. d. Geol. dyn. et de Geogr. phy., Vol. 21, 5: 339-349; Paris.

UNESCO/UNEP/FAO (1979): Tropical grazing land ecosystems. - Natural resources research, **XVI**: 655 S.; Paris.

VALETON, I. (1973): Laterite als Leithorizonte zur Rekonstruktion tektonischer Vorgänge auf den Festländern. - Geol. Rdsch., **62**: 153-161; Stuttgart.

VILLIERS, J. M. DE (1965): Present soil-forming factors and processes in tropical and subtropical regions. - Soil Sci., **99**: 50-57; Oxford.

VOGT, J. (1959): Aspects de l'évolution morphologique récente de l'Ouest africain. - Ann. Geogr., **367**: 193-206; Paris.

VOSS, C. (1982): Mechanisierung der Landwirtschaft. - Handb. d. Landw. u. Ernähr. in Entwicklungsl., Bd. **1**: 205-228; Stuttgart.

WALLER, P. & HOFMEIER, R. (1968): Methoden zur Bestimmung der Tragfähigkeit ländlicher Gebiete in Entwicklungländern, dargestellt am Beispiel West-Kenyas. - Die Erde, **99**: 340-348; Berlin.

WALTER, H. & BRECKLE, W. (1984): Spezielle Ökologie der tropischen und subtropischen Zonen. - Ökologie der Erde, Bd. **2**: 461 S.; Stuttgart.

WEGENER, H. R. (1978): Bodenerosion und ökologische Eigenschaften charakteristischer Böden im Becken von Puebla-Tlaxcala (Mexiko). - Diss.: 183 S.; Gießen.

WEISE, O. R. (1970): Zur Morphodynamik der Pediplanation. - Z. Geomorph., N. F., Suppl.-Bd. **10**: 64-87; Berlin, Stuttgart.

WEISE, O. & CHRISTIANSEN, T. & DICKHOF, A. & HAHN, A. & LOOSER, U. & SCHORLEMER, D. (1984): Die Bodenerosion im Gebiet der Dhauladhor Kette am Südrand des Himalaya/Indien. - Gießener geogr. Schr., **54**: 74 S.; Gießen.

WEIZENBERG, H. (1973): Praktischer Umweltschutz zur Kontrolle der Boden-Erosion in den Landbau- und Weidegebieten der tropischen und subtropischen Zonen. - Der Tropenlandwirt, 74. Jg., H. 4: 169-180; Witzenhausen.

WIRTHMANN, A. (1985): Offene Fragen der Tropengeomorphologie. - Z. Geomorph., N. F., Suppl.-Bd. **56**: 1-12; Berlin, Stuttgart.

WISCHMEIER, W. H. & SMITH, D. D. (1978): Predicting rainfall erosion losses. A guide to conservation planning. - USDA, Agric. Handbook: 537 S.; Washington.

WITZEL, A. (1982): Verfahren der qualitativen Sozialforschung - Überblick und Alternativen. - 136 S.; Frankfurt a. M.

YOUNG, A. (1960): Soil movement by denudational processes on slopes. - Nature, **188**: 120-122; London.

ZACHAR, D. (1982): Soil erosion. - Developments in Soil Sci., **10**: 547 S.; Amsterdam, Oxford, New York.

ZEESE, R. (1983): Reliefentwicklung in Nordost-Nigeria. Reliefgenerationen oder morphologische Sequenzen. - Z. Geomorph., N. F., Suppl.-Bd. **48**: 225-234; Berlin, Stuttgart.

ZÖBISCH, M. (1986): Erfassung und Bewertung von Bodenerosionsprozessen auf Weideflächen im Machakos District von Kenia. -   ; Kassel.

ZONNEVELD, I. S. & LEEUW, P. N. & SOMBROEIZ, W. G. (1971): An ecological interpretation of arial photographs in a Savanna region in northern Nigeria. - Publ. of the intern. Inst. for Aerospace survey a. earth Sci., Ser. B, **63**: 41 S.; Enschede.

FRANKFURTER GEOWISSENSCHAFTLICHE ARBEITEN

Herausgegeben vom Fachbereich Geowissenschaften
Johann Wolfgang Goethe-Universität Frankfurt am Main

Serie A: Geologie - Paläontologie

Band 1 MERKEL, D. (1982): Untersuchungen zur Bildung planarer Gefüge im Kohlengebirge an ausgewählten Beispielen. - 144 S., 53 Abb.; Frankfurt a. M.
DM 10,--

Band 2 WILLEMS, H. (1982): Stratigraphie und Tektonik im Bereich der Antiklinale von Boixols-Coll de Nargó - ein Beitrag zur Geologie der Decke von Montsech (zentrale Südpyrenäen, Nordost-Spanien). - 336 S., 90 Abb., 8 Tab., 19 Taf., 2 Beil.; Frankfurt a. M.
DM 30,--

Band 3 BRAUER, R. (1983): Das Präneogen im Raum Molaoi-Talanta/SE-Lakonien (Peloponnes, Griechenland). - 284 S., 122 Abb.; Frankfurt a. M.
DM 16,--

Band 4 GUNDLACH, T. (1987): Bruchhafte Verformung von Sedimenten während der Taphrogenese - Maßstabsmodelle und rechnergestützte Simulation mit Hilfe der FEM (Finite Element Method). - 131 S., 70 Abb., 4 Tab.; Frankfurt a. M.
DM 10,--

Band 5 KUHL, H.-P. (1987): Experimente zur Grabentektonik und ihr Vergleich mit natürlichen Gräben (mit einem historischen Beitrag). - 208 S., 88 Abb., 2 Tab.; Frankfurt a. M.
DM 13,--

Band 6 FLÖTTMANN, T. (1988): Strukturentwicklung, P-T-Pfade und Deformationsprozesse im zentralschwarzwälder Gneiskomplex. - 206 S., 47 Abb., 4 Tab.; Frankfurt a. M.
DM 21,--

Band 7 STOCK, P. (1989): Zur antithetischen Rotation der Schieferung in Scherbandgefügen - ein kinematisches Deformationsmodell mit Beispielen aus der südlichen Gurktaler Decke (Ostalpen). - 155 S., 39 Abb., 3 Tab.; Frankfurt a. M.
DM 13,--

Band 8 ZULAUF, G. (1990): Spät- bis postvariszische Deformationen und Spannungsfelder in der nördlichen Oberpfalz (Bayern) unter besonderer Berücksichtigung der KTB-Vorbohrung. - 285 S., 56 Abb.; Frankfurt a. M.
DM 20,--

Band 9 BREYER, R. (1991): Das Coniac der nördlichen Provence ('Provence rhodanienne') - Stratigraphie, Rudistenfazies und geodynamische Entwicklung. - 337 S., 112 Abb., 7 Tab.; Frankfurt a. M.
DM 25,90

Band 10 ELSNER, R. (1991): Geologische Untersuchungen im Grenzbereich Ostalpin-Penninikum am Tauern-Südostrand zwischen Katschberg und Spittal a. d. Drau (Kärnten, Österreich). - 239 S., 61 Abb.; Frankfurt a. M.
DM 24,90

Band 11 TSK IV (1992): 4. Symposium Tektonik - Strukturgeologie - Kristallingeologie. - 319 S., 105 Abb., 5 Tab.; Frankfurt a. M.
DM 14,90

Band 12 SCHMIDT, H. (1992): Mikrobohrspuren ausgewählter Faziesbereiche der tethyalen und germanischen Trias (Beschreibung, Vergleich und bathymetrische Interpretation). - 228 S., 45 Abb., 9 Tab., 11 Taf.; Frankfurt a. M.
DM 21,90

Bestellungen zu richten an:

Geologisch-Paläontologisches Institut der Johann Wolfgang Goethe-Universität, Postfach 11 19 32, D-60054 Frankfurt am Main

FRANKFURTER GEOWISSENSCHAFTLICHE ARBEITEN

Herausgegeben vom Fachbereich Geowissenschaften
Johann Wolfgang Goethe-Universität Frankfurt am Main

Serie B: Meteorologie und Geophysik

Band 1   BIRRONG, W. & SCHÖNWIESE, C.-D. (1987): Statistisch-klimatologische Untersuchungen botanischer Zeitreihen Europas. - 80 S., 26 Abb., 5 Tab.; Frankfurt a. M.
DM 7,--

Band 2   SCHÖNWIESE, C.-D. (1990): Grundlagen und neue Aspekte der Klimatologie. - 2. Aufl., 130 S., 55 Abb., 11 Tab.; Frankfurt a. M.
DM 10,--

Band 3   SCHÖNWIESE, C.-D. (1992): Das Problem menschlicher Eingriffe in das Globalklima ("Treibhauseffekt") in aktueller Übersicht. - 2. Aufl., 142 S., 65 Abb., 13 Tab.; Frankfurt a. M.
DM 8,--

Band 4   ZANG, A. (1991): Theoretische Aspekte der Mikrorißbildung in Gesteinen. - 209 S., 82 Abb., 9 Tab.; Frankfurt a. M.
DM 19,--

Bestellungen zu richten an:

Institut für Meteorologie und Geophysik der Johann Wolfgang Goethe-Universität, Postfach 11 19 32, D-60054 Frankfurt am Main

FRANKFURTER GEOWISSENSCHAFTLICHE ARBEITEN

Herausgegeben vom Fachbereich Geowissenschaften
Johann Wolfgang Goethe-Universität Frankfurt am Main

Serie C: Mineralogie

Band 1 SCHNEIDER, G. (1984): Zur Mineralogie und Lagerstättenbildung der Mangan- und Eisenerzvorkommen des Urucum-Distriktes (Mato Grosso do Sul, Brasilien). - 205 S., 9 Abb., 9 Tab.; Frankfurt a. M.
DM 12,--

Band 2 GESSLER, R. (1984): Schwefel-Isotopenfraktionierung in wäßrigen Systemen. - 141 S., 35 Abb.; Frankfurt a. M.
DM 9,50

Band 3 SCHRECK, P. C. (1984): Geochemische Klassifikation und Petrogenese der Manganerze des Urucum-Distriktes bei Corumbá (Mato Grosso do Sul, Brasilien). - 206 S., 29 Abb., 20 Tab.; Frankfurt a. M.
DM 13,50

Band 4 MARTENS, R. M. (1985): Kalorimetrische Untersuchung der kinetischen Parameter im Glastransformations-Bereich bei Gläsern im System Diopsid-Anorthit-Albit und bei einem NBS-710-Standardglas. - 177 S., 39 Abb.; Frankfurt a. M.
DM 15,--

Band 5 ZEREINI, F. (1985): Sedimentpetrographie und Chemismus der Gesteine in der Phosphoritstufe (Maastricht, Oberkreide) der Phosphat-Lagerstätte von Ruseifa/Jordanien mit besonderer Berücksichtigung ihrer Uranführung. - 116 S., 11 Abb., 5 Taf., 27 Tab., 36 Anl.; Frankfurt a. M.
DM 16,--

Band 6 ZEREINI, F. (1987): Geochemie und Petrographie der metamorphen Gesteine vom Vesleknatten (Tverrfjell/Mittelnorwegen) mit besonderer Berücksichtigung ihrer Erzminerale. - 197 S., 48 Abb., 9 Taf., 26 Tab., 27 Anl.; Frankfurt a. M.
DM 15,--

Band 7 TRILLER, E. (1987): Zur Geochemie und Spurenanalytik des Wolframs unter besonderer Berücksichtigung seines Verhaltens in einem südostnorwegischen Pegmatoid. - 173 S., 25 Abb., 2 Taf., 20 Tab.; Frankfurt a. M.
DM 12,--

Band 8 GÜNTER, C. (1988): Entwicklung und Vergleich zweier Multielementanalysenverfahren an Kohlenaschen- und Bodenproben mittels Röntgenfluoreszenzanalyse. - 124 S., 38 Abb., 37 Tab., 1 Anl.; Frankfurt a. M.
DM 13,--

Band 9 SCHMITT, G. E. (1989): Mikroskopische und chemische Untersuchungen an Primärmineralen in Serpentiniten NE-Bayerns. - 130 S., 39 Abb., 11 Tab.; Frankfurt a. M.
DM 14,--

Band 10 PETSCHICK, R. (1989): Zur Wärmegeschichte im Kalkalpin Bayerns und Nordtirols (Inkohlung und Illit-Kristallinität). - 259 S., 75 Abb., 12 Tab., 3 Taf.; Frankfurt a. M.
DM 16,--

Band 11   RÖHR, C. (1990): Die Genese der Leptinite und Paragneise zwischen Nordrach und Gengenbach im mittleren Schwarzwald. - 159 S., 54 Abb., 15 Tab.; Frankfurt a. M.
DM 15,--

Band 12   YE, Y. (1992): Zur Geochemie und Petrographie der unterkarbonischen Schwarzschieferserie in Odershausen, Kellerwald, Deutschland. - 206 S., 58 Abb., 15 Tab., 5 Taf.; Frankfurt a. M.
DM 19,--

Band 13   KLEIN, S. (1993): Archäometallurgische Untersuchungen an frühmittelalterlichen Buntmetallfunden aus dem Raum Höxter/Corvey. - 203 S., 28 Abb., 14 Tab., 12 Taf., 13 Anl.; Frankfurt a. M.
DM 33,--

Band 14   FERREIRO MÄHLMANN, R. (1994): Zur Bestimmung von Diagenesehöhe und beginnender Metamorphose - Temperaturgeschichte und Tektogenese des Austroalpins und Südpenninikums in Voralberg und Mittelbünden. - 498 S., 118 Abb., 18 Tab., 2 Anl.; Frankfurt a. M.
DM 25,--

Bestellungen zu richten an:

Institut für Geochemie, Petrologie und Lagerstättenkunde der Johann Wolfgang Goethe-Universität, Postfach 11 29 32, D-60054 Frankfurt am Main

FRANKFURTER GEOWISSENSCHAFTLICHE ARBEITEN

Herausgegeben vom Fachbereich Geowissenschaften
Johann Wolfgang Goethe-Universität Frankfurt am Main

Serie D: Physische Geographie

Band 1 BIBUS, E. (1980): Zur Relief-, Boden- und Sedimententwicklung am unteren Mittelrhein. - 296 S., 50 Abb., 8 Tab.; Frankfurt a. M.
DM 25,--

Band 2 SEMMEL, A. (1991): Landschaftsnutzung unter geowissenschaftlichen Aspekten in Mitteleuropa. - 3., verb. Aufl., 67 S., 11 Abb.; Frankfurt a. M.
DM 10,--

Band 3 SABEL, K. J. (1982): Ursachen und Auswirkungen bodengeographischer Grenzen in der Wetterau (Hessen). - 116 S., 19 Abb., 8 Tab., 6 Prof.; Frankfurt a. M.
DM 11,50 (vergriffen)

Band 4 FRIED, G. (1984): Gestein, Relief und Boden im Buntsandstein-Odenwald. - 201 S., 57 Abb., 11 Tab.; Frankfurt a. M.
DM 15,-- (vergriffen)

Band 5 VEIT, H. & VEIT, H. (1985): Relief, Gestein und Boden im Gebiet von "Conceiçao dos Correias" (S-Brasilien). - 98 S., 18 Abb., 10 Tab., 1 Kt.; Frankfurt a. M.
DM 17,--

Band 6 SEMMEL, A. (1989): Angewandte konventionelle Geomorphologie. Beispiele aus Mitteleuropa und Afrika. - 2. Aufl., 116 S., 57 Abb.; Frankfurt a. M.
DM 13,--

Band 7 SABEL, K.-J. & FISCHER, E. (1992): Boden- und vegetationsgeographische Untersuchungen im Westerwald. - 2. Aufl., 268 S., 19 Abb., 50 Tab.; Frankfurt a. M.
DM 18,--

Band 8 EMMERICH, K.-H. (1988): Relief, Böden und Vegetation in Zentral- und Nordwest-Brasilien unter besonderer Berücksichtigung der känozoischen Landschaftsentwicklung. - 218 S., 81 Abb., 9 Tab., 34 Bodenprofile; Frankfurt a. M.
DM 13,--

Band 9 HEINRICH, J. (1989): Geoökologische Ursachen luftbildtektonisch kartierter Gefügespuren (Photolineationen) im Festgestein. - 203 S., 51 Abb., 18 Tab.; Frankfurt a. M.
DM 13,--

Band 10 BÄR, W.-F. & FUCHS, F. & NAGEL, G. [Hrsg.] (1989): Beiträge zum Thema Relief, Boden und Gestein - Arno Semmel zum 60. Geburtstag gewidmet von seinen Schülern. - 256 S., 64 Abb., 7 Tab., 2 Phot.; Frankfurt a. M.
DM 16,--

Band 11 NIERSTE-KLAUSMANN, G. (1990): Gestein, Relief, Böden und Bodenerosion im Mittellauf des Oued Mina (Oran-Atlas, Algerien). - 163 S., 17 Abb., 13 Tab.; Frankfurt a. M.
DM 12,--

Band 12 GREINERT, U. (1992): Bodenerosion und ihre Abhängigkeit von Relief und Boden in den Campos Cerrados, Beispielsgebiet Bundesdistrikt Brasilia. - 259 S., 20 Abb., 15 Tab., 24 Fot., 1 Beil.; Frankfurt a. M.
DM 18,--

Band 13 FAUST, D. (1991): Die Böden der Monts Kabyè (N-Togo) - Eigenschaften, Genese und Aspekte ihrer agrarischen Nutzung. - 174 S., 33 Abb., 25 Tab., 1 Beil.; Frankfurt a. M.
DM 14,--

Band 14 BAUER, A. W. (1993): Bodenerosion in den Waldgebieten des östlichen Taunus in historischer und heutiger Zeit - Ausmaß, Ursachen und geoökologische Auswirkungen. - 194 S., 45 Abb.; Frankfurt a. M.
DM 14,--

Band 15 MOLDENHAUER, K.-M. (1993): Quantitative Untersuchungen zu aktuellen fluvial-morphodynamischen Prozessen in bewaldeten Kleineinzugsgebieten von Odenwald und Taunus. - 307 S., 108 Abb., 66 Tab.; Frankfurt a. M.
DM 18,--

Band 16 SEMMEL, A. (1993): Karteninterpretation aus geoökologischer Sicht - erläutert an Beispielen der Topographischen Karte 1 : 25 000. - 85 S.; Frankfurt a. M.
DM 12,--

Band 17 HEINRICH, J. & THIEMEYER, H. [Hrsg.] (1994): Geomorphologisch-bodengeographische Arbeiten in Nord- und Westafrika. - 97 S., 28 Abb., 12 Tab.; Frankfurt a. M.
DM 13,--

Band 18 SWOBODA, Jan (1994): Geoökologische Grundlagen der Bodennutzung und deren Auswirkung auf die Bodenerosion im Grundgebirgsbereich Nord-Benins - ein Beitrag zur Landnutzungsplanung. - 119 S., 17 Abb., 26 Tab., 2 Kt.; Frankfurt a. M.
DM 18,--

Bestellungen zu richten an:

Institut für Physische Geographie der Johann Wolfgang Goethe-Universität, Postfach 11 19 32, D-60054 Frankfurt am Main